目次

▌ 成績アップのための学習メソッド　▶ 2 ～ 5

▌ 学習内容

ぴたトレ0（スタートアップ）　▶ 6 ～ 9

※原則，ぴたトレ1は偶数，ぴたトレ2は奇数ページになります。

▌ 定期テスト予想問題　▶ 111 ～ 127

▌ 解答集　▶ 別冊

[写真提供]

アフロ　環霧島会議　コーベット・フォトエージェンシー

成績アップのための 学習メソッド

学習のはじめ

ぴたトレ0
スタートアップ

この学年の内容に関連した,これまでに習った内容を確認しよう。
学習のはじめにとり組んでみよう。

日常の学習

ぴたトレ1
要点チェック

教科書の用語や重要事項を
さらっとチェックしよう。
要点が整理されているよ。

ぴたトレ2
練習

問題演習をして,基本事項を身に
つけよう。ページの下の「ヒント」
や「ミスに注意」も参考にしよう。

1回 10分

1回 15分

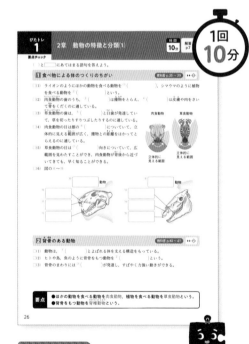

学習メソッド

「わかる」「簡単」と思った内容な
ら,「ぴたトレ2」から始めてもいい
よ。「ぴたトレ1」の右ページの「ぴ
たトレ2」で同じ範囲の問題をあつ
かっているよ。

学習メソッド

わからない内容やまちがえた内容
は,必要であれば「ぴたトレ1」に
戻って復習しよう。▶▶■ のマークが
左ページの「ぴたトレ1」の関連す
る問題を示しているよ。

\ 「学習メソッド」を使うとさらに効率的・効果的に勉強ができるよ！ /

ぴたトレ3

確認テスト

テスト形式で実力を確認しよう。まずは,目標の70点を目指そう。
「定期テスト予報」はテストでよく問われるポイントと対策が書いてあるよ。

1回
30分

学習メソッド

テスト前までに「ぴたトレ1~3」のまちがえた問題を復習しておこう。

↓

テスト前

定期テスト予想問題

テスト前に広い範囲をまとめて復習しよう。
まずは,目標の70点を目指そう。

1回
30分

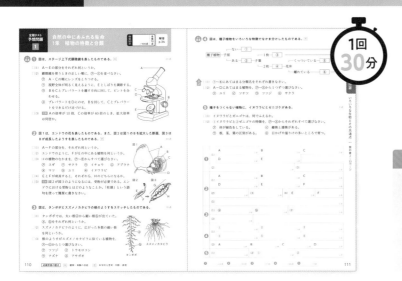

学習メソッド

さらに上を目指すキミは「点UP」にもとり組み,まちがえた問題は解説を見て,弱点をなくそう。

次のページへ続くよ ➤

〔効率的・効果的に学習しよう!〕

✕ 同じまちがいをくり返さないために

まちがえた問題は,別冊解答の「考え方」を読んで,どこをまちがえたのか確認しよう。

 ## 効率的に 勉強するために

各ページの解答時間を目安にしてとり組もう。まちがえた問題のチェックボックスにチェックを入れて,後日復習しよう。

 ## 理科に特徴的な問題のポイントを押さえよう

計算,作図,記述 の問題にはマークが付いているよ。何がポイントか意識して勉強しよう。

 ## 観点別に自分の学力をチェックしよう

学校の成績はおもに,「知識・技能」「思考・判断・表現」といった観点別の評価をもとにつけられているよ。
一般的には「知識」を問う問題が多いけど,テストの問題は,これらの観点をふまえて作られることが多いため,「ぴたトレ3」「定期テスト予想問題」でも「知識・技能」のうちの「技能」と「思考・判断・表現」の問題にマークを付けて表示しているよ。自分の得意・不得意を把握して成績アップにつなげよう。

 ## 付録も活用しよう

ぴたトレ minibook ✕ 赤シート 中学ぴたサポアプリ

持ち歩きしやすいミニブックに,理科の重要語句などをまとめているよ。スキマ時間やテスト前などに,サッとチェックができるよ。

スマホで一問一答の練習ができるよ。スキマ時間に活用しよう。

［ 勉強のやる気を上げる**4**つの工夫 ］

1 "ちょっと上"の目標をたてよう

頑張ったら達成できそうな,今より"ちょっと上"のレベルを目標にしよう。目指すところが決まると,そこに向けてやる気がわいてくるよ。

ちょっと上に

2 無理せず続けよう

勉強を続けると,「続けたこと」が自信になって,次へのやる気につながるよ。「ぴたトレ理科」は1回分がとり組みやすい分量だよ。無理してイヤにならないよう,あまりにも忙しいときや疲れているときは休もう。

やる気
続ける

3 勉強する環境を整えよう

勉強するときは,スマホやゲームなどの気が散りやすいものは遠ざけておこう。

4 とりあえず勉強してみよう

やる気がイマイチなときも,とりあえず勉強を始めるとやる気が出てくるよ。
わからない問題にいつまでも時間をかけずに,解答と解説を読んで理解して,また後で復習しよう。「ぴたトレ理科」は細かく範囲が分かれているから,「できそう」「興味ありそう」な内容からとり組むのもいいかもね。

わからない
問題
↓
とばして,
後で復習

単元1 生物の世界 の学習前に

解答 p.1

（ ）にあてはまる語句を答えよう。

1章　身近な生物の観察／2章　植物のなかま　教科書 p.12〜43

【小学校5年】植物の発芽，成長，結実

□花には，めしべ，おしべ，花びら，がくがある。

□めしべの先に，おしべが出した①（　　　　　）が
つくことを受粉（じゅふん）という。

□受粉すると，めしべのもとの部分が育って
②（　　　　　）になり，その中に③（　　　　　）ができる。

【小学校3年】身のまわりの生物

□植物の③が発芽すると，はじめに④（　　　　　）が出て，
その後に葉が出てくる。

□植物の体は，⑤（　　　　　）・茎（くき）・葉からできている。

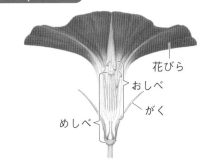

アサガオの花のつくり

3章　動物のなかま　教科書 p.44〜62

【小学校3年】身のまわりの生物

□昆虫（こんちゅう）の成虫の体は，頭，胸（むね），腹（はら）からできていて，
胸には6本の①（　　　　　）があり，
はねがついているものもいる。

【小学校4年】ヒトの体のつくりと運動

□ヒトや動物の体には，②（　　　　　）や筋肉（きんにく），
関節があり，これらのはたらきによって，
体を動かすことができる。

【小学校6年】ヒトの体のつくりとはたらき

□ヒトの③（　　　　　）や口から入った空気は，
気管を通って④（　　　　　）に入る。

□空気中の⑤（　　　　　）の一部が，④の血管を流れる
⑥（　　　　　）にとり入れられ，全身に運ばれる。
また，全身でできた⑦（　　　　　）は
血液にとり入れられて④まで運ばれ，血液から出されて
はき出す息によって体外に出される。

チョウの体のつくり

【小学校5年】動物の誕生

□メダカは，受精したたまご（卵（らん））の中で少しずつ変化して，やがて子メダカが誕生する。

□ヒトは，受精してから約38週間，母親の⑧（　　　　　）で育ち，誕生する。母親の体内では，
⑧のかべにある胎（たい）ばんから，へその緒（お）を通して養分などを受けとる。

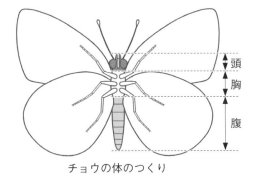

肺での空気の交換（こうかん）

単元2 物質のすがた　の学習前に

解答 p.1

（　）にあてはまる語句を答えよう。

1章　いろいろな物質／2章　気体の発生と性質　教科書 p.78〜101

【小学校3年】電気の通り道，磁石の性質

□鉄や銅，アルミニウムなどを① (　　　　　　　) という。

①は電気を通す性質がある。

□磁石は② (　　　　　　　) でできたものを引きつける。

【小学校3年】ものと重さ

□ものの形を変えても，ものの③ (　　　　　　　) は変わらない。

また，体積が同じでも，ものの種類によって③はちがう。

形を変えたときの重さ

【小学校6年】燃焼のしくみ

□空気は，主に④ (　　　　　　　) や酸素などの気体が混ざってできている。

□ろうそくや木などが燃えると，空気中の⑤ (　　　　　　　) の一部が使われて，

⑥ (　　　　　　　) ができる。

3章　物質の状態変化　教科書 p.102〜117

【小学校4年】水と温度

□水を熱して100℃近くになると，さかんに泡を出してわき立つ。

これを① (　　　　　　　) という。①している間，水の温度は変わらない。

□水は蒸発して，空気中に出ていく。空気中の② (　　　　　　　) は，冷やされると水になる。

□水を冷やして0℃になると，水は③ (　　　　　　　) になる。水が全て③になるまで，

水の温度は変わらない。

4章　水溶液　教科書 p.118〜127

【小学校5年】ものの溶け方

□ものが水に溶けた液のことを① (　　　　　　　) という。

①は透き通っていて，溶けたものが液全体に広がっている。

□ものが水に溶ける量には限りがある。水の量を増やすと，

ものが水に溶ける量も② (　　　　　　　)。

□水の温度を上げたとき，食塩が水に溶ける量は

変わらないが，ミョウバンが水に溶ける量は

③ (　　　　　　)。

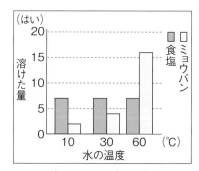

水 50cm³ に溶ける量

□①の温度を下げたり，①から水を④ (　　　　　　) させたりすると，

水に溶けていたものをとり出すことができる。

□ろ紙でこして，固体と液体を分けることを⑤ (　　　　　　　) という。

（　）にあてはまる語句を答えよう。

1章　光の性質　　教科書 p.140〜161

【小学校3年】光の性質

□日光（太陽の光）は，真っすぐに進む。また，日光は，鏡ではね返すことができ，はね返した日光も，①（　　　　　　　　　　）に進む。

□虫眼鏡を使うと，小さいものを②（　　　　　　　　　）見ることができる。

□日光を集めることができる。日光を集めたところを小さくするほど，日光が当たったところは，より③（　　　　　　　　），あつくなる。

鏡ではね返した日光

3章　力のはたらき　　教科書 p.172〜185

【小学校3年】風やゴムの力のはたらき

□風の力で，ものを動かすことができる。風が強くなるほど，ものを動かすはたらきは①（　　　　　　　　）なる。

□ゴムの力で，ものを動かすことができる。ゴムを長く伸ばすほど，ものを動かすはたらきは②（　　　　　　　　）なる。

【小学校3年】磁石の性質

□磁石のちがう極どうしは③（　　　　　　）合い，同じ極どうしは④（　　　　　　　）合う。

【小学校6年】てこの規則性

□てこの支点から力点までの距離が⑤（　　　　　　　）ほど，小さい力でものを持ち上げることができる。また，てこの支点から作用点までの距離が⑥（　　　　　　）ほど，小さい力でものを持ち上げることができる。

□てこのうでを傾けるはたらきが支点の左右で等しいとき，てこは水平になって⑦（　　　　　　　）。

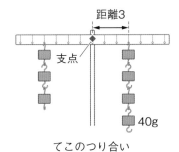

距離3

支点

40g

てこのつり合い

単元4 大地の変化 の学習前に

（　）にあてはまる語句を答えよう。

1章　火山　教科書 p.200～219

【小学校6年】土地のつくりと変化

□火山活動によって，火山灰や①（　　　　　　）がふき出す

　などして，土地のようすが変化することがある。

□火山の噴火（ふんか）によってふき出された火山灰などが積もり，

　地層ができる。

溶岩（ようがん）

火山灰

火山の噴火

2章　地震　教科書 p.220～233

【小学校6年】土地のつくりと変化

□地震（じしん）のときに，大きな力がはたらいてできる土地のずれを①（　　　　　　）という。

　地震が起こると，地割れが生じたり，崖（がけ）が崩（くず）れたりして，土地のようすが

　変化することがある。

3章　地層／4章　大地の変動　教科書 p.234～259

【小学校5年】流れる水のはたらきと土地の変化

□流れる水には，土地を削（けず）ったり，土を運んだり，積もらせたりするはたらきがある。

　土地を削るはたらきを①（　　　　　　），土を運ぶはたらきを②（　　　　　　），

　土を積もらせるはたらきを③（　　　　　　）という。

【小学校6年】土地のつくりと変化

□崖などで見られる，しま模様（もよう）の層（そう）の重なりを

　④（　　　　　　）という。

□④は，れき・砂（すな）・泥（どろ）・火山灰などが積み重なってできている。

□③したれき・砂・泥などは，固まると岩石になる。れきが砂などと

　混じり固まってできた岩石を⑤（　　　　　　），砂が固まってでき

　た岩石を⑥（　　　　　　），泥などの細かい粒（つぶ）が固まってできた岩石

　を⑦（　　　　　　）という。

□④に含（ふく）まれる，大昔の生物の体や生活のあとなどが残ったものを

　⑧（　　　　　　）という。

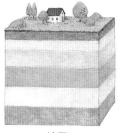

地層

1章　身近な生物の観察(1)

（　　）と□□□にあてはまる語句を答えよう。

1 生物の観察の進め方(1)

教科書p.18〜19　▶▶

□(1)　生物の観察の進め方　「問題を見つける」→「① (　　　　　　　　) を立てる」→「観察する」→「観察結果を② (　　　　　　　　)」

□(2)　③ (　　　　　　) を撮ることで，動いている生物の特徴などを簡単に記録することができる。また，観察した生物がその後どうなるかを④ (　　　　　　) して観察する。

□(3)　観察をするときは，先生の指示に従い，⑤ (　　　　　　　　) には近づかない。観察が終わったら，⑥ (　　　　　　) をよく洗う。

□(4)　スケッチのしかた
・⑦ (　　　　　　) とするものだけを対象にしてかく。
・先を細く削った鉛筆を使って，1本の線で⑧ (　　　　　　) をはっきりと表す。
・図の⑨，⑩

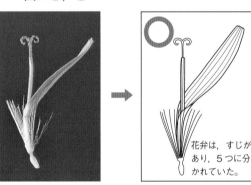

花弁は，すじがあり，5つに分かれていた。

をつけない。

気づいたことを

でも記録する。

2 ルーペの使い方

教科書p.19　▶▶

□(1)　目をいためるので，ルーペで① (　　　　　　) を見てはいけない。

□(2)　ルーペは② (　　　　　　) に近づけて持つ。

□(3)　図の③，④

見たいものが動かせるとき

を前後に動かして，よく見える位置を探す。

見たいものが動かせないとき

を前後に動かして，よく見える位置を探す。

要点　●スケッチは，目的とするものだけを対象にしてかく。また，1本の線で輪郭をはっきり表し，影はつけない。

1章　身近な生物の観察(1)

① 学校の近くの草むらで生物の観察をした。図はそのとき見つけたセイヨウタンポポの花のスケッチである。

□(1) 生物の観察の進め方として，適切でないものを，次の⑦～　　A　　　　　B
　　 ㋑から選びなさい。　　　　　　　　　　　　　　　（　　　）
　　 ⑦　観察する前に計画を立てる。
　　 ㋑　写真はできるだけ使わずに記録する。
　　 ㋒　観察が終わったらよく手を洗う。
　　 ㋓　観察した生物がその後どうなるか，続けて観察する。

□(2) スケッチにはどのような筆記用具を使うのがよいか。次の⑦～㋒から選びなさい。
　　 ⑦　ボールペン　　　　　　　　　　　　　　　　　　　　　　（　　　）
　　 ㋑　先の太くなった鉛筆
　　 ㋒　先を細く削った鉛筆

□(3) スケッチとして適切なものは，図のA，Bのどちらか。　　（　　　）

□(4) (3)で選ばなかったほうの，スケッチとして適切でないところはどこか。次の⑦～㋒から選
　　 びなさい。　　　　　　　　　　　　　　　　　　　　　　　　　（　　　）
　　 ⑦　輪郭をはっきりかいているところ。
　　 ㋑　影をつけているところ。
　　 ㋒　目的とするものだけを対象にかいている
　　　　 ところ。

> 線がぼやけると
> 特徴がわかりに
> くくなるね。

② セイヨウタンポポの花を，図の器具を使って観察することにした。

□(1) 図の器具を何というか。　　　　　　　　　（　　　　　）

□(2) 目をいためるため，図の器具で見てはいけないものは何か。

　　　　　　　　　　　　　　　　　　　　　　（　　　　　）

□(3) 図の器具を使ってセイヨウタンポポの花を観察するとき，タンポ
　　 ポの花を最もよく見ることができるものを，次の⑦～㋓から選びなさい。　　（　　　）

⑦ 　　　㋑ 　　　㋒ 　　　㋓

ミスに注意 ① (3) スケッチは，特徴がはっきりとわかりやすく見えるようにかく。
ヒント ② (3) 図の器具は，必ず目に近づけて持って観察する。

( )にあてはまる語句や数を答えよう。

1 生物の観察の進め方(2)

教科書p.20〜22 ▶▶**①**

□(1) 双眼鏡の使い方

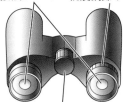

接眼レンズ　視度調節リング

ピントリング

1．両目でのぞきながら，左右の視野が1つの円に重なって
見えるように①( )の間隔を調節する。

2．ピントリングを回して，左目でピントを合わせる。

3．②( ) を回して，右目でピントを
合わせる。

□(2) 双眼実体顕微鏡の使い方

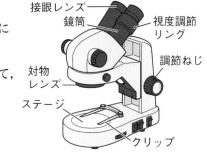

接眼レンズ
鏡筒
視度調節
リング
対物
レンズ
ステージ
調節ねじ
クリップ

1．両目でのぞきながら，視野が重なって見えるように
③( )の間隔を調節する。

2．右目でのぞきながら，④( )を回して，
鏡筒を上下させ，ピントを合わせる。

3．左目でのぞきながら，⑤( )
を回してピントを合わせる。

□(3) 校庭周辺の生物の観察では，観察した生物のようすと，その生物がいた⑥( )の
ようすを生物カードに書く。その後，カードを見ながら振り返り，校庭周辺の生物にどの
ような⑦( )があるのか，さらに調べたいことを決める。図鑑や
⑧( )などを使って調べ，わかったことをカードに書き加える。

2 生物の分類

教科書p.23〜25 ▶▶**②**

□(1) 生物を分類するときは，共通しているところと①( )ところを調べる。

□(2) 観察で作成した生物カードを何枚か用意し，カードに書かれた特徴などから，下の表のように
2つの②( )を使って，③( )グループに分ける。

分類のしかたの例

	動いていたもの		動かなかったもの	
日当たりが
よいところ				
日当たりが
悪いところ				

□(3) 線の上にいる生物を分類するためには，④( )を追加する。

要点　●生物の分類は，共通しているところと，ちがっているところを調べる。

1 双眼鏡や双眼実体顕微鏡を使って，校庭周辺の生物の観察をした。　▶▶ 1

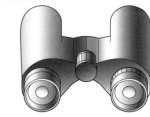

双眼鏡

□(1) 双眼鏡はどのような生物を観察するのに適しているか。次の
　　　ア〜ウから選びなさい。　　　　　　　　　　　（　　　　）
　　　ア　地面に生えている草や花
　　　イ　小さくて動きが遅い虫
　　　ウ　近づくと逃げてしまう鳥

□(2) 目をいためるため，双眼鏡で見てはいけないものは何か。
　　　　　　　　　　　　　　　　　　　　　　　　　（　　　　）

□(3) 次のア〜ウは，双眼実体顕微鏡を使うときの各手順であ
　　　る。正しい操作順に記号を並べて書きなさい。

（　　　　）→（　　　　）→（　　　　）

双眼実体顕微鏡
接眼レンズ
鏡筒
視度調節リング
対物レンズ
調節ねじ
ステージ
クリップ

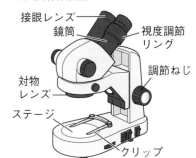

　　　ア　右目でのぞきながら，調節ねじで鏡筒を上下させ，
　　　　　ピントを合わせる。
　　　イ　左目でのぞきながら，視度調節リングを回してピン
　　　　　トを合わせる。
　　　ウ　両目でのぞきながら，鏡筒の間隔を調節する。

□(4) 観察した生物について，生物カードをつくることにした。生物カードのつくり方として，
　　　正しいものには○，誤っているものには×を書きなさい。
　　　①　生物のようすの他に，その生物がいた場所のようすも書く。　　　（　　　　）
　　　②　後から調べてわかったことは，カードには書き加えない。　　　（　　　　）

2 観察した生物を，生物カードを使って分類することにした。　▶▶ 2

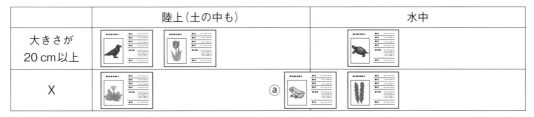

	陸上（土の中も）		水中
大きさが20cm以上			
X		ⓐ	

□(1) Xにあてはまる観点は何か。　　　　　　（　　　　　　　　　　　）

□(2) ⓐのように，どちらにも分類できない生物がいた場合，どのようにするのがよいか。次の
　　　ア，イから選びなさい。　　　　　　　　　　　　　　　　　　　（　　　　）
　　　ア　そのままにしておく。　　　　イ　新しい観点を追加する。

ヒント　**1**⑶　まずは，両目の視野が重なって見えるようにするための操作をする。
ミスに注意　**2**⑴　Xに20cmが含（ふく）まれないようにする。

1章　身近な生物の観察

時間 30分 ／100点　合格 70点　解答 p.3

❶ 図1のような公園で生物の観察を行った。 40点

□(1) 生物の観察のしかたとして誤っているものを，次の㋐〜㋨
から選びなさい。技

㋐　広場，日陰，水辺など，いろいろな場所で観察する。

㋑　観察した生物がその後どうなるか，続けて観察する。

㋒　先生の指示に従い，危険な場所には近づかない。

㋓　わからなかったことは，そのままにしておく。

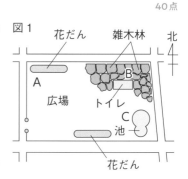

図1　花だん　雑木林　北　A　広場　B　トイレ　C　池　花だん

よく出る □(2) 植物などのスケッチのしかたとして正しいものを，次の㋐
〜㋨から選びなさい。技

㋐　目的とするものだけをかき，他の生物はかかない。

㋑　記録は絵だけで行い，ことばは使わない。

㋒　影をつけて立体的にかく。

㋓　太い線ではっきりとかく。

□(3) 図1のA，B，Cのそれぞれの場所で観察を行うと，どのような結果が得られると考えら
れるか。次の㋐，㋑から選びなさい。

㋐　どの場所でも同じような生物が同じように観察できた。

㋑　場所によって観察できる生物がちがっていた。

□(4) 観察した生物を，図2のように
2つの観点で分類することにした。
X，Yにあてはまる観点をそれぞ
れ答えなさい。

図2

	動いていたもの	Y
X		
日当たりが悪いところ		

❷ 図は，ルーペを表したものである。 30点

□(1) ルーペでの観察に適したものはどれか。次の㋐〜㋨から2つ選
びなさい。技

㋐　水中の微小な生物の観察　　㋑　野外での岩石の観察

㋒　葉の表面のようすの観察　　㋓　木の上にいる鳥の観察

よく出る □(2) 観察するものが動かせるとき，ルーペでの観察はどのように行えばよいか。最も適切なも
のを，次の㋐〜㋨から選びなさい。技

㋐　顔を固定し，ルーペと観察するものを近づけたまま動かす。

㋑　観察するものを固定し，顔とルーペを近づけたまま動かす。

㋒　ルーペと顔を近づけたまま固定し，観察するものを動かす。

㋓　ルーペと観察するものを近づけたまま固定し，顔を動かす。

□(3) 記述　ルーペで太陽を見てはいけないのはなぜか。簡潔に書きなさい。技

成績評価の観点　技…観察・実験の技能　思…科学的な思考・判断・表現

❸ 図1は小さな生物などを観察する器具で，図2は図1の器具の接眼レンズをのぞいたときの視野を表したものである。　　　　　　　　　　　　　30点

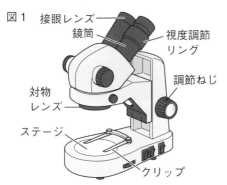

図1
接眼レンズ
鏡筒
視度調節リング
対物レンズ
ステージ
調節ねじ
クリップ

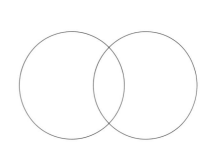

図2

□(1)　図1の器具を何というか。

□(2)　図2の視野を観察に適した状態にするには，何を調節すればよいか。次の⑦〜①から選びなさい。技

　　⑦　視度調節リング　　　④　鏡筒　　　⑤　調節ねじ　　　①　対物レンズ

点UP

□(3)　記述 図1の器具を使ったときの，見たいものの見え方はルーペや顕微鏡などと比べてどのような特徴があるか。簡潔に書きなさい。技

	(1) 8点	(2) 8点	(3) 8点
❶	(4) X 8点		
	Y 8点		
❷	(1) 8点	(2) 8点	
	(3) 14点		
❸	(1) 8点	(2) 8点	
	(3) 14点		

定期テスト予報　生物の観察方法に関連した問題が出されるでしょう。ルーペ，双眼実体顕微鏡の操作方法を十分に身につけておきましょう。

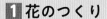

2章　植物のなかま(1)

時間 **10分**　解答 p.3

（　　）と□□□にあてはまる語句を答えよう。

1 花のつくり

教科書p.26〜28　▶▶①

□(1)　図の①，②

アブラナの花の分解

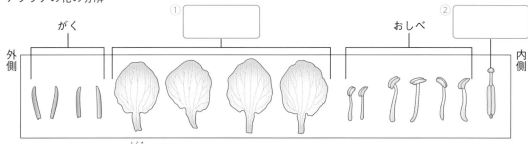

がく
①
外側
おしべ
②
内側

□(2)　おしべの先の小さな袋を③（　　　　　）といい，中には花粉が入っている。

アブラナのめしべ

花柱

蜜腺

□(3)　めしべの花柱の先を④（　　　　　）といい，根元の膨らんだ部分を⑤（　　　　　）という。

□(4)　アブラナやサクラの花のように，花弁が互いに離れている花を⑥（　　　　　）といい，ツツジやアサガオの花のように，花弁がくっついている花を⑦（　　　　　）という。

2 めしべと果実のつくり

教科書p.29〜31　▶▶②

□(1)　めしべの柱頭に花粉がつくことを①（　　　　　）という。

□(2)　子房の中にある小さな粒を②（　　　　　）という。

□(3)　図の③〜⑤

サクラのめしべの変化

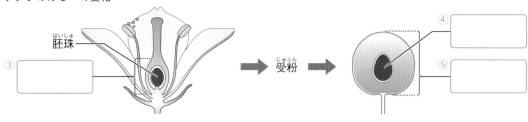

胚珠

③

受粉

④

⑤

□(4)　種子ができる植物を⑥（　　　　　）という。

□(5)　虫によって花粉が運ばれる植物の花を⑦（　　　　　），風によって花粉が運ばれる植物の花を⑧（　　　　　）という。

要点
● どの花でも，外側からがく，花弁，おしべ，めしべの順についている。
● 受粉すると，胚珠は種子，子房は果実になる。

2章　植物のなかま(1)

① ツツジとアブラナの花を分解し，図のようにセロハンテープに貼りつけた。 ▶▶ **1**

□(1) A〜Dの部分を，それぞれ何というか。

A (　　　　　)
B (　　　　　)
C (　　　　　)
D (　　　　　)

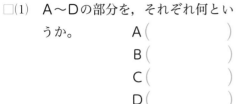
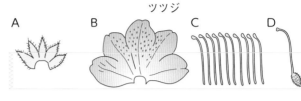

ツツジ
A　　B　　C　　D

□(2) ツツジのCにあたるものを，アブラナの@〜dから選びなさい。

(　　　　　)

アブラナ
@　ⓑ　　　　　ⓒ　　　　　ⓓ

□(3) アブラナの@〜dを，花の内側にあるものから順に並べて書きなさい。

内側 (　　　) → (　　　) → (　　　) → (　　　) 外側

□(4) A〜Dの形や数，色について，正しく述べているものはどちらか。次の⑦，⑦から選びなさい。

(　　　　　)

⑦　どの植物でも同じである。　　⑦　植物の種類によってちがっている。

□(5) Bのつくりが，ツツジと同じようにくっついている植物を，次の⑦〜⑦から選びなさい。

⑦　アサガオ　　⑦　サクラ　　⑦　エンドウ　　(　　　　　)

② 図は，サクラの花が変化するようすを表したものである。 ▶▶ **2**

□(1) 図のような変化が起こるには，Aに花粉がつく必要がある。このことを何というか。

(　　　　　)

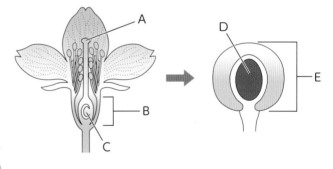

A
D
E
B
C

□(2) 胚珠は，A〜Cのどれか。

(　　　　　)

□(3) D，Eの部分を，それぞれ何というか。

D (　　　　　)
E (　　　　　)

□(4) Cが成長してできるものは，D，Eのどちらか。　　(　　　　　)

□(5) サクラのように，種子によってなかまをふやし，子孫を残していく植物を何というか。

(　　　　　)

□(6) サクラの花粉は，主に虫によって運ばれる。このような植物の花を何というか。

(　　　　　)

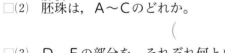

ミスに注意　**②** (1) 似ていてまちがえやすいことばに「受精(じゅせい)」がある。
ヒント　**②** (6) 風によって花粉が運ばれる植物の花は，風媒花(ふうばいか)という。

2章　植物のなかま(2)

（　）と□□にあてはまる語句を答えよう。

1 葉や根のつくり

教科書p.32〜34　▶▶ 1 2

□(1) ヒマワリやホウセンカ，ツユクサなどの植物は，子葉の①（　　　　　）で2つのなかまに分けることができる。

□(2) 葉の観察で見られるすじのようなつくりを②（　　　　　）という。

□(3) 図の③，④

□(4) 植物は，土の中に根を広げることによって，⑤（　　　　　）を体内にとり入れたり，体を⑥（　　　　　）たりしている。

□(5) 図の⑦〜⑨

□(6) 根の先端近くには，細い毛のような⑩（　　　　　）が生えている。

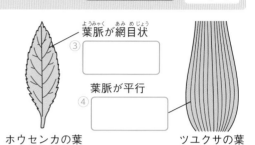

葉脈が網目状
③ □□□

葉脈が平行
④ □□□

ホウセンカの葉　　ツユクサの葉

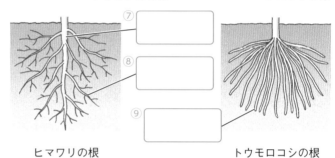

⑦ □□□
⑧ □□□
⑨ □□□

ヒマワリの根　　トウモロコシの根

2 双子葉類と単子葉類

教科書p.35　▶▶ 3

□(1) 2枚の対になった子葉をもつ植物を①（　　　　　　　）といい，子葉が1枚の植物を②（　　　　　　　）という。

□(2) 図の③〜⑦

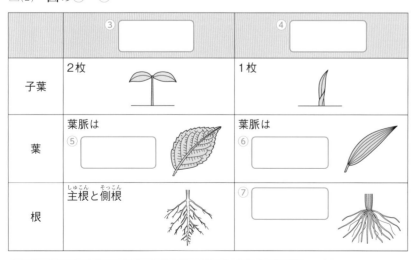

	③ □□	④ □□
子葉	2枚	1枚
葉	葉脈は ⑤ □□	葉脈は ⑥ □□
根	主根と側根	⑦ □□

「双」は2つ，「単」は1つという意味の漢字だよ。

要点　●双子葉類は，子葉が2枚，葉脈は網状脈，根は主根と側根。

2章 植物のなかま(2)

① 図は，ツユクサとツバキの葉を肉眼で見たときのスケッチである。 ▶▶ **1**

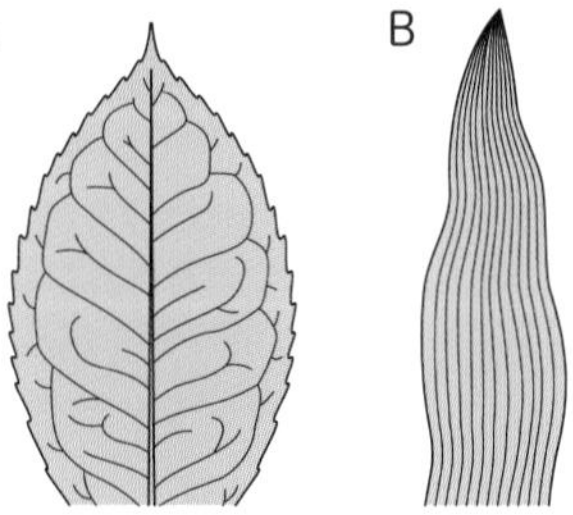

- □(1) 葉に見られるすじのようなつくりを何というか。
  （　　　　　　　）

- □(2) A，Bのような葉のすじを，それぞれ何というか。
  A（　　　　　　）　　B（　　　　　　）

- □(3) ツバキの葉は，A，Bのどちらか。
  （　　　　　　　）

② 図1は，ホウセンカとスズメノカタビラが生えているようす，図2は，ハツカダイコンの根のようすである。 ▶▶ **1**

- □(1) ホウセンカからのびている太い根Aとそこから出ている細い根Bをそれぞれ何というか。
  A（　　　　　　）　　B（　　　　　　）

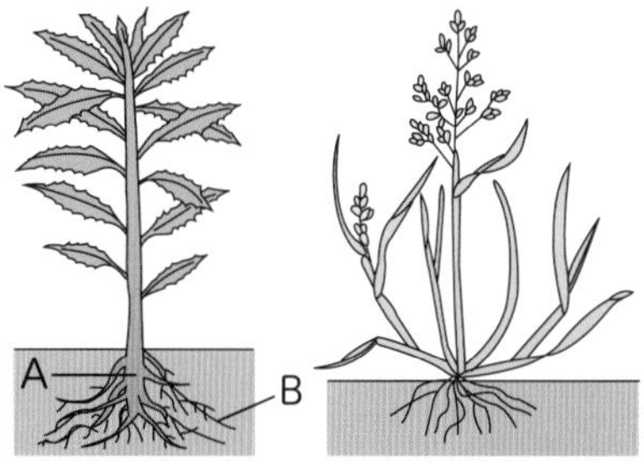

- □(2) スズメノカタビラのような根を何というか。
  （　　　　　　　）

- □(3) ホウセンカのような根をしている植物を，次の⑦〜⑦から選びなさい。
  （　　　　　　　）
  ⑦ トウモロコシ　　⑦ ヒマワリ　　⑦ ツユクサ

- □(4) 図2のように，根の先端近くに多く見られる細い毛のようなものを何というか。
  （　　　　　　　）

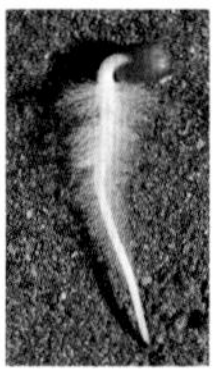

- □(5) 記述 植物の根のはたらきの1つは「水を体内にとり入れる」ことである。もう1つのはたらきを，「体」の語句を使って簡潔に書きなさい。
  （　　　　　　　　　　　　　　　　　）

図1

ホウセンカ　スズメノカタビラ

A　　B

図2

③ 植物は，子葉の数，葉の葉脈，根のつくりの3つの観点で，2つのなかまに分類できる。 ▶▶ **2**

- □(1) 双子葉類と単子葉類の子葉の数は，それぞれ何枚か。
  双子葉類（　　　　　　）　　単子葉類（　　　　　　）

- □(2) 次の①，②のようなつくりをもつ植物は，それぞれ双子葉類，単子葉類のどちらか。
  ① 葉の表面のすじが網目状になっている。　（　　　　　　）
  ② 根がひげ根になっている。　（　　　　　　）

ミスに注意 ① (2)葉のすじは，Aは網目状，Bは平行になっている。

ヒント ② (5)植物が多少の風では倒(たお)れないのは，根があるためである。

2章　植物のなかま(3)

（　）と□にあてはまる語句を答えよう。

1 マツの花のつくり

教科書p.36〜37　▶▶

□(1)　図の①〜④

マツの花のつくり

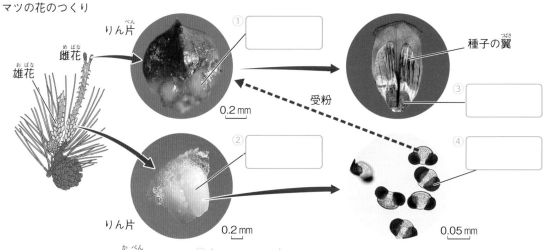

りん片　①[　　　　]　種子の翼
雌花　受粉　③[　　　　]
雄花　②[　　　　]　④[　　　　]
りん片
0.2 mm　0.2 mm　0.05 mm

□(2)　マツの花には，花弁やがくは⑤（　　　　　）。
□(3)　マツは，胚珠に直接花粉がついて⑥（　　　　　）し，むき出しのまま種子ができる。
□(4)　マツは子房がないので，⑦（　　　　　）ができない。

2 裸子植物と被子植物

教科書p.37　▶▶ 2

□(1)　マツやイチョウのように，胚珠がむき出しになっている植物を①（　　　　　）という。
□(2)　アブラナやサクラのように，胚珠が子房の中にある植物を②（　　　　　）という。
□(3)　図の③〜⑤

マツの受粉　サクラの受粉
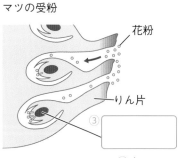　
花粉　花粉　④[　　　　]
りん片　⑤[　　　　]
③[　　　　]

マツの花にある魚のうろこのようなつくりをりん片というよ。「りん」は「鱗（うろこ）」の音読みだよ。

□(4)　裸子植物の花粉は⑥（　　　　　）に直接つくが，被子植物の
　　　花粉は直接つかない。
□(5)　裸子植物は，虫媒花より風媒花のほうが⑦（　　　　　）。

要点　●裸子植物の胚珠はむき出しで，被子植物の胚珠は子房の中にある。

1 図1はマツの枝の先端を表したもので，A，Bは2種類の花，C，Dはそれぞれの花のりん片を表したものである。　▶▶ **1**

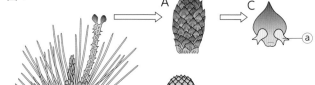

図1

- □(1) 図1のA，Bの花をそれぞれ何というか。

  A（　　　　）
  B（　　　　）

- □(2) Cにある@を何というか。
  （　　　　）

- □(3) Dにある⑥を何というか。
  （　　　　）

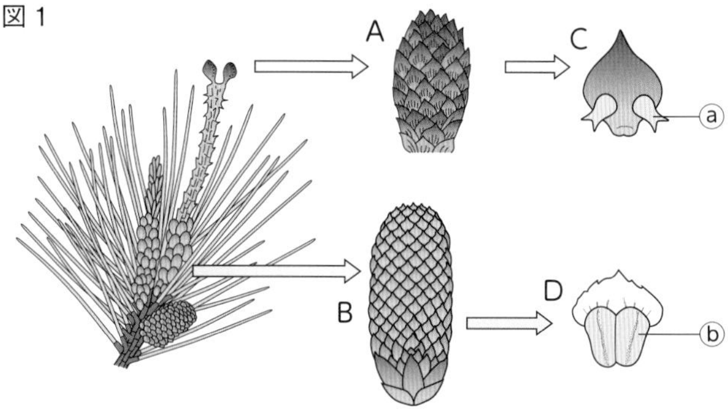

- □(4) 図2は，マツの花粉である。花粉が入っているのは，図1の@，⑥のどちらか。
  （　　　　）

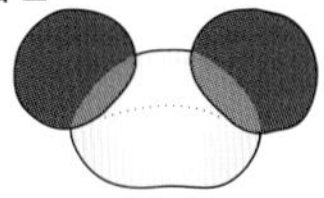

- □(5) 受粉した後，成長して種子になる部分は，図1の@，⑥のどちらか。
  （　　　　）

- □(6) マツには果実ができない。その理由を，次の⑦〜⑨から選びなさい。　（　　　　）
  - ⑦　マツの花には花弁がないから。
  - ⑦　マツの花にはがくがないから。
  - ⑦　マツの花には子房がないから。

2 図1はイチョウの雌花，図2はアブラナのめしべの断面をそれぞれ表したものである。　▶▶ **2**

- □(1) 裸子植物と被子植物のうち，胚珠がむき出しになっているのはどちらか。　（　　　　）

- □(2) イチョウは，裸子植物と被子植物のどちらか。
  （　　　　）

- □(3) アブラナは，裸子植物と被子植物のどちらか。
  （　　　　）

図1　胚珠　図2　胚珠

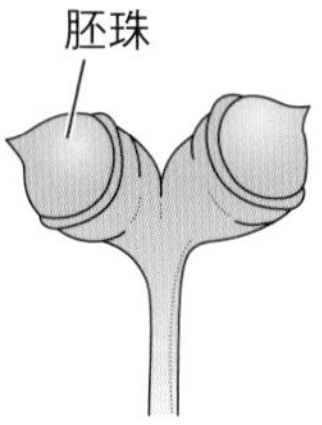

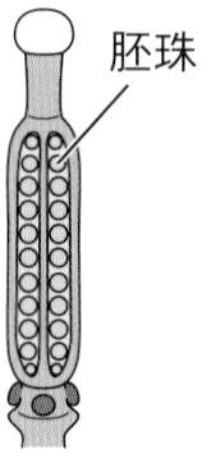

- □(4) アブラナのように，胚珠が子房の中にある植物を，次の⑦〜⑨から選びなさい。（　　　　）
  - ⑦　スギ　　⑦　サクラ　　⑦　ソテツ

- □(5) 裸子植物の花粉は，どのようにして運ばれることが多いか。次の⑦〜⑨から選びなさい。
  - ⑦　虫によって運ばれる。　　⑦　鳥によって運ばれる。　　（　　　　）
  - ⑦　風によって運ばれる。

ミスに注意 **1** 花粉がつくられるのはBの花である。

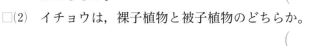

ヒント **2** (5)裸子植物の多くは風媒花（ふうばいか）とよばれる花がさく。

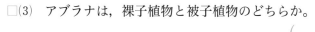

(）と□にあてはまる語句を答えよう。

1 種子をつくらない植物

教科書p.38〜39 ▶▶❶

□(1)　ワラビやスギナのような植物を①（　　　　　　　　）といい，ゼニゴケやスギゴケのような
植物を②（　　　　　　　　）という。

□(2)　シダ植物やコケ植物は③（　　　　　　）でふえる。

□(3)　図の④〜⑥

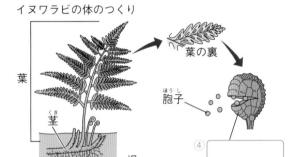

イヌワラビの体のつくり

葉の裏

葉

茎（くき）

胞子（ほうし）

根

④

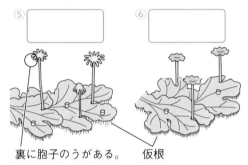

ゼニゴケの体のつくり

⑤

⑥

裏に胞子のうがある。

仮根

2 植物の分類

教科書p.41〜43 ▶▶❷

□(1)　図の①〜⑥

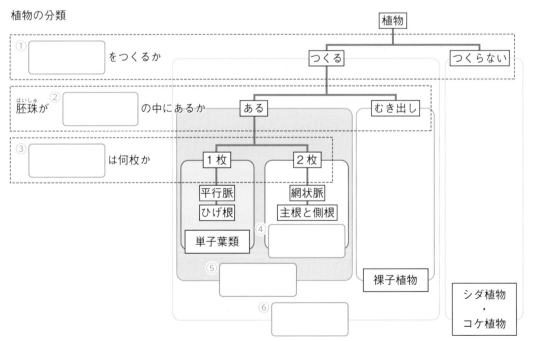

植物の分類

植物

つくる

つくらない

①　　　　　　　をつくるか

②　　　　　　　の中にあるか

胚珠が（はいしゅ）

ある

むき出し

③　　　　　　　は何枚か

1枚

2枚

平行脈

網状脈

ひげ根

主根と側根

単子葉類

④

⑤

裸子植物

シダ植物
・
コケ植物

⑥

要点　●シダ植物やコケ植物は，胞子でふえる。

22

2章　植物のなかま(4)

1 図1はイヌワラビ，図2はゼニゴケの雌株と雄株の体のつくりを，模式的に表したものである。 ▶▶ **1**

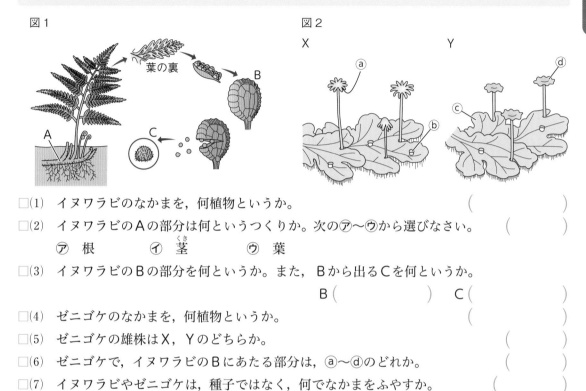

図1

葉の裏

B

A

C

図2

X　　　　Y

ⓐ　ⓓ

ⓒ

ⓑ

□(1) イヌワラビのなかまを，何植物というか。　　　　　　　　　　（　　　　　　　）

□(2) イヌワラビのAの部分は何というつくりか。次の⑦〜⑦から選びなさい。（　　　　　　　）

　　　⑦ 根　　　　⑦ 茎　　　　⑦ 葉

□(3) イヌワラビのBの部分を何というか。また，Bから出るCを何というか。

　　　　　　　　　　　　　　　　　B（　　　　　　　）　C（　　　　　　　）

□(4) ゼニゴケのなかまを，何植物というか。　　　　　　　　　　（　　　　　　　）

□(5) ゼニゴケの雄株はX，Yのどちらか。　　　　　　　　　　　（　　　　　　　）

□(6) ゼニゴケで，イヌワラビのBにあたる部分は，ⓐ〜ⓓのどれか。　（　　　　　　　）

□(7) イヌワラビやゼニゴケは，種子ではなく，何でなかまをふやすか。　（　　　　　　　）

2 次の図は，いくつかの観点をもとに植物を分類したものである。 ▶▶ **2**

植物 ─ 種子をつくる ┬ （いいえ）─────────── スギゴケ
　　　　　　　　　　└ （はい）─ X ┬ （いいえ）──────── マツ
　　　　　　　　　　　　　　　　　└ （はい）─ 子葉が2枚ある ┬ （いいえ）── ユリ
　　　　　　　　　　　　　　　　　　　　　　　　　　　　　└ （はい）─── サクラ

□(1) 図のXにあてはまる観点を，次の⑦〜⑦から選びなさい。　　　（　　　　　　　）

　　　⑦ 花弁がくっついている　　　⑦ 風媒花である
　　　⑦ 胚珠が子房の中にある　　　⑦ 胞子でなかまをふやす

□(2) マツ，サクラは，それぞれ何というなかまに分類されるか。

　　　　　　　　　　　マツ（　　　　　　　）　サクラ（　　　　　　　）

ミスに注意 **1** (2) イヌワラビの地上にある部分はすべて葉である。

ヒント **2** (2) ユリは単子葉類(たんしようるい)に分類される。

① 図1はアブラナの花を縦に切ったようす，図2はマツの2種類の花とりん片のようすを，それぞれ模式的に表したものである。

44点

図1

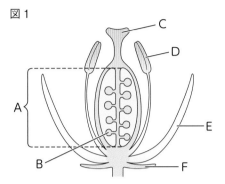

図2

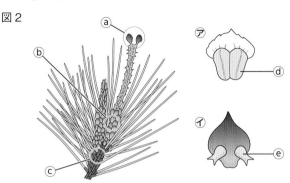

□(1) アブラナの花で花粉が入っている部分は，A〜Fのどれか。また，その部分を何というか。

□(2) アブラナの花で，受粉すると果実になる部分は，A〜Fのどこか。また，その部分を何というか。

□(3) アブラナやマツなどのように，種子をつくって子孫を残していく植物を何というか。

□(4) (3)にあてはまらない植物を，次の⑦〜⑨から選びなさい。
⑦ サクラ　　　④ イヌワラビ　　　⑰ ツユクサ　　　⑨ スギ

□(5) マツの花で，雄花は④〜ⓒのどれか。また，雄花のりん片は⑦，④のどちらか。

□(6) マツの花で，アブラナの花のBにあたる部分は，ⓓ，ⓔのどちらか。また，その部分を何というか。

□(7) 記述 アブラナの花は受粉すると，その後果実ができるが，マツの花は受粉しても果実ができない。その理由を簡潔に書きなさい。思

② A〜Fは，被子植物の芽生え，葉の葉脈，根のようすを模式的に表したものである。

32点

A　　　　B　　　　C　　　　D　　　　E　　　　F

□(1) 単子葉類の芽生え，葉の葉脈，根のようすを，A〜Fから1つずつ選びなさい。

□(2) Aのように，2枚の対になった子葉をもつ植物を，次の⑦〜⑨から2つ選びなさい。
⑦ ヒマワリ　　　④ トウモロコシ　　　⑰ ツユクサ　　　⑨ ホウセンカ

□(3) Cのような葉脈を何というか。

□(4) 記述 双子葉類は，ある観点でさらに2つのなかまに分けることができる。その観点を「花弁」という語句を用いて，簡潔に書きなさい。思

成績評価の観点　技…観察・実験の技能　思…科学的な思考・判断・表現

❸ A～Iの植物について，あとの問いに答えなさい。

A

スギゴケ

B
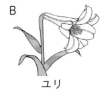
ユリ

C

イチョウ

D

サクラ

E

イヌワラビ

F

アサガオ

G

イネ

H

エンドウ

I

ソテツ

□(1) 作図 Bの葉脈のようすを，右の図にかきなさい。思

□(2) 花を咲かせ，果実ができる植物はどれか。A～Iから全て選びなさい。

□(3) ①～③の内容が正しければ〇，誤っていれば×を書きなさい。
　　① 種子植物は，B，C，D，F，G，H，Iである。
　　② 胞子でふえるのは，A，E，Iである。
　　③ 根のつくりがひげ根なのは，C，E，Gである。

	(1)	記号	名称	6点	(2)	記号	名称	6点
❶	(3)			6点	(4)			6点
	(5)	雄花	りん片	6点	(6)	記号	名称	6点
	(7)							8点

	(1)	芽生え		4点	葉脈		4点	根	4点
❷	(2)			6点	(3)				6点
	(4)								8点

	(1)	図に記入	6点	(2)		6点
❸	(3) ①	4点	②	4点	③	4点

単元1 生物の世界｜教科書26～43ページ

定期テスト
予報
植物の特徴をもとにした分類の問題が出されるでしょう。自分の知っている植物の特徴を整理して，なかま分けしてみましょう。

( )と[　]にあてはまる語句を答えよう。

1 脊椎動物の特徴

教科書p.44～52　▶▶①②

□(1) 背骨がある動物を① ( )といい，背骨がない動物を② ( )
という。

□(2) 多くの脊椎動物では，③ ( ) を中心に，骨や④ ( ) が発達しており，
大きく体を動かすことができる。

□(3) 図の⑤～⑫

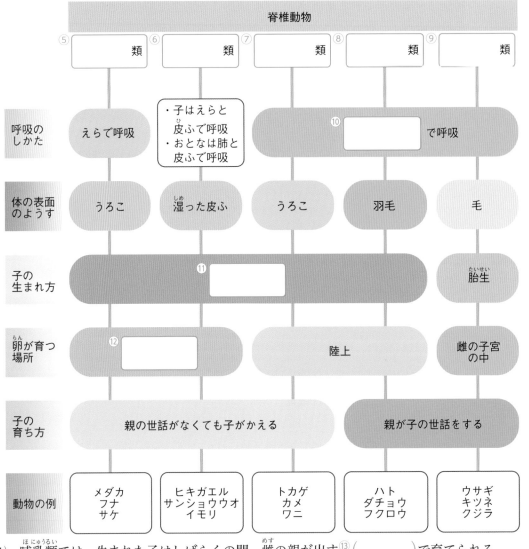

	脊椎動物				
	⑤ ( ) 類	⑥ ( ) 類	⑦ ( ) 類	⑧ ( ) 類	⑨ ( ) 類
呼吸のしかた	えらで呼吸	・子はえらと皮ふで呼吸 ・おとなは肺と皮ふで呼吸	⑩ [　] で呼吸		
体の表面のようす	うろこ	湿った皮ふ	うろこ	羽毛	毛
子の生まれ方	⑪ [　]				胎生
卵が育つ場所	⑫ [　]		陸上		雌の子宮の中
子の育ち方	親の世話がなくても子がかえる			親が子の世話をする	
動物の例	メダカ フナ サケ	ヒキガエル サンショウウオ イモリ	トカゲ カメ ワニ	ハト ダチョウ フクロウ	ウサギ キツネ クジラ

□(4) 哺乳類では，生まれた子はしばらくの間，雌の親が出す⑬ ( )で育てられる。

要点 ●脊椎動物は，魚類，両生類，は虫類，鳥類，哺乳類の5つのグループに分けられる。

3章　動物のなかま(1)

時間 **15分**　　解答 p.6

1 図は背骨をもつ5種類の動物を表したものである。　　▶▶ **1**

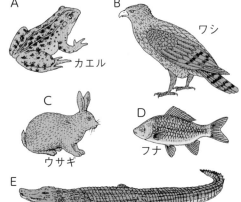

A　カエル
B　ワシ
C　ウサギ
D　フナ
E　ワニ

□(1) 図の動物のように，背骨のある動物を何という
か。　（　　　　　）

□(2) A〜Eの動物は，それぞれ何類か。

A （　　　　　）
B （　　　　　）
C （　　　　　）
D （　　　　　）
E （　　　　　）

□(3) 図のような動物とは異なり，背骨のない動物を
何というか。　（　　　　　）

2 10種類の脊椎動物を，それぞれの特徴によって図のようにグループ分けした。　▶▶ **1**

A	B	C	D	E
ハト ダチョウ	キツネ クジラ	メダカ サケ	ヒキガエル イモリ	トカゲ カメ

□(1) 子とおとなで生活場所が変わり，それにともなって，呼吸のしかたが変わる動物のグルー
プを，A〜Eから選びなさい。　（　　　　　）

□(2) (1)について，子とおとなはそれぞれ体のどこで呼吸をするか。次の⑦〜⑦から，それぞれ
2つずつ選びなさい。　　　　　　　　子（　　　　　）　おとな（　　　　　）
⑦ 皮ふ　　　⑦ 肺　　　⑦ えら

□(3) 体の表面が，羽毛で覆われているものを，A〜Eから選びなさい。　（　　　　　）

□(4) 体の表面がうろこで覆われているものを，A〜Eから全て選びなさい。
（　　　　　）

□(5) 雌が体外に卵を産み，その卵から子がかえることを何というか。
（　　　　　）

□(6) 子の生まれ方が(5)にあてはまるものを，A〜Eから全て選びなさい。
（　　　　　）

□(7) 生まれた子が，しばらくの間，雌の親が出す乳で育てられるものを，A〜Eから選びなさ
い。　（　　　　　）

ヒント　**2** (1) 子は主に水中で生活し，おとなになると陸上でも生活するようになる。

ミスに注意　**2** (4) 魚類（ぎょるい）とは虫類（ちゅうるい）があてはまる。

(）と□にあてはまる語句を答えよう。

1 体のつくりと食物

教科書p.53～55 ▶▶ ① ②

□(1)　図の①～⑦

	① □　　　動物	② □　　　動物
動物の例	シマウマ 	ライオン 
爪(つめ)	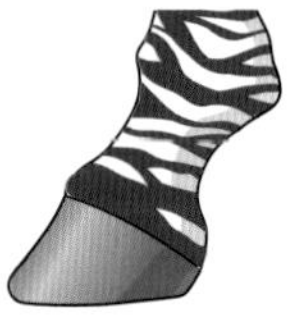	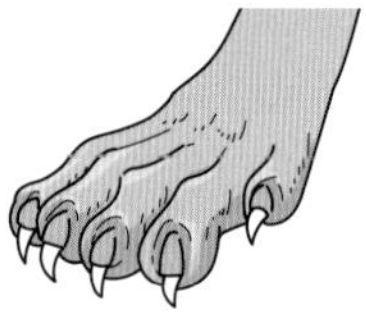
歯の形	③ □ ④ 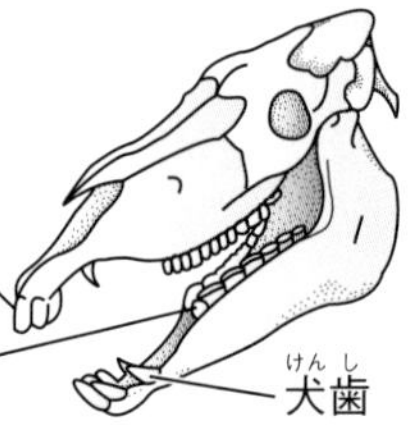 □ 犬歯(けんし)	⑤ □ ⑥ □ 臼歯(きゅうし) 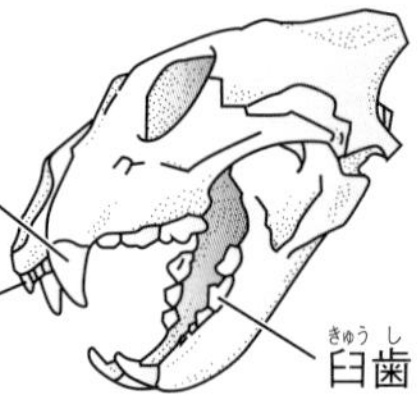
目のつき方	後方まで見える 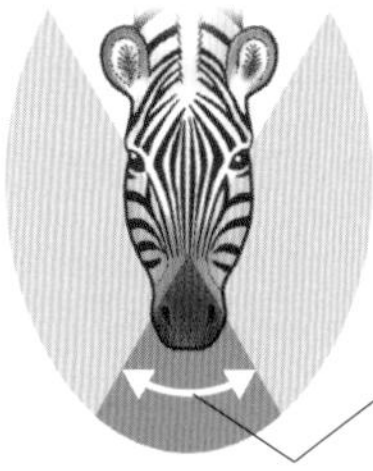 ⑦ □ に見える範囲	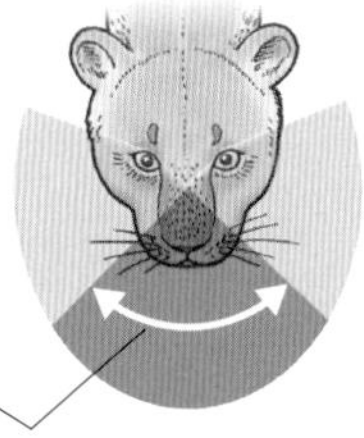

□(2)　草食動物の2つの目は，⑧（　　　）に向いていて，⑨（　　　）範囲(はんい)を見張ること
　　　に役立っている。

□(3)　肉食動物の2つの目は，⑩（　　　）を向いていて，獲物(えもの)までの⑪（　　　）をはか
　　　りながら追いかけるのに役立っている。

□(4)　草食動物の歯は，⑫（　　　）や臼歯が発達しており，⑬（　　　）や木を食いちぎっ
　　　たり，細かくすりつぶしたりすることに役立っている。

□(5)　肉食動物の歯は，⑭（　　　）が発達しており，獲物をとらえて肉を食いちぎったり，
　　　骨をかみ砕(くだ)いたりすることに役立っている。

要点	●肉食動物の目は前方，草食動物の目は側方に向いている。 ●草食動物の歯は門歯(もんし)・臼歯，肉食動物の歯は犬歯(けんし)が発達している。

ぴたトレ
2
練習

3章　動物のなかま(2)

時間 **15**分

解答 p.6

単元1

生物の世界｜教科書53〜55ページ

1 図はライオンとシマウマの目のつき方や視野を表したものである。　▶▶ 1

□(1) 前を向いた状態で，後方まで見ることができるの
は，ライオンとシマウマのどちらか。

（　　　　　　）

□(2) 立体的に見える範囲_{はんい}が広いのは，ライオンとシマ
ウマのどちらか。　　　　（　　　　　　）

□(3) それぞれの目のつき方は，どのようなことに役
立っているか。次の㋐〜㋒から選びなさい。　ライオン（　　　　）　シマウマ（　　　　）

㋐　敵が近づいていないかどうか見張るのに役立っている。

㋑　獲物_{えもの}との距離_{きょり}をはかりながら追いかけるのに役立っている。

㋒　速く動くものを見るのに役立っている。

2 図のXとYは，草食動物と肉食動物のいずれかの頭骨を表したものである。　▶▶ 1

□(1) 草食動物の頭骨は，XとYのどちらか。　　　X　　　　　　Y

（　　　　　　）

□(2) Xの@，Yのⓑ，ⓒの歯を，それぞれ何というか。
次の㋐〜㋒から選びなさい。

@（　　　）　ⓑ（　　　）　ⓒ（　　　）

㋐　臼歯_{きゅうし}　　㋑　犬歯_{けんし}　　㋒　門歯_{もんし}

□(3) それぞれの歯のつき方や発達のしかたは，どのようなことに役立っているか。次の㋐〜㋒
から選びなさい。　　　　　　　　　　　　　　　　　　X（　　　　）　Y（　　　　）

㋐　草や木を食いちぎったり，細かくすりつぶしたりすることに役立っている。

㋑　水を効率よく飲むことに役立っている。

㋒　獲物をとらえて肉を食いちぎったり，骨をかみ砕_{くだ}いたりすることに役立っている。

□(4) Xのなかまの爪_{つめ}はどのようになっていると考えられるか。次の㋐〜㋒から選びなさい。

㋐　　　　　　　　　㋑　　　　　　　　　㋒　　　　　　（　　　　　　）

3章　動物のなかま(3)

（　）と□□□にあてはまる語句を答えよう。

1 無脊椎動物

教科書 p.56〜60　▶▶①

□(1) 体が多くの節からできていて，あしにも節がある動物を①（　　　　　　　　）という。

□(2) 節足動物は，ザリガニ，エビなどの
②（　　　　　　　），バッタ，チョウなどの
③（　　　　　　　）のほか，クモ類，ムカデ類，ヤスデ類などがある。

□(3) 甲殻類の多くは④（　　　　　　　）で生活し，
⑤（　　　　　　　）呼吸をする。

□(4) 図の⑥，⑦

□(5) アサリやマイマイ，イカ，タコのなかまを
⑧（　　　　　　　）という。軟体動物は，
⑨（　　　　　　　）で生活するものが多い。

□(6) 図の⑩，⑪

□(7) 節足動物や軟体動物に含まれない，ミミズやクラゲ，ウニやナマコなども
⑫（　　　　　　　）である。

トノサマバッタの体のつくり

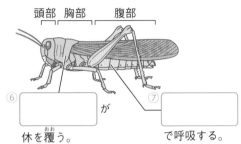

頭部　胸部　腹部

⑥ □□□□□ が　⑦ □□□□□
体を覆う。　　で呼吸する。

アサリの体のつくり

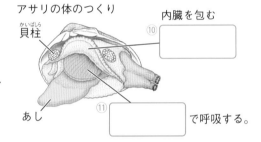

貝柱　　　　　　　内臓を包む
⑩ □□□□□
あし　⑪ □□□□□ で呼吸する。

2 動物の分類

教科書 p.61〜62　▶▶②

□(1) 図の①〜④

動物の分類

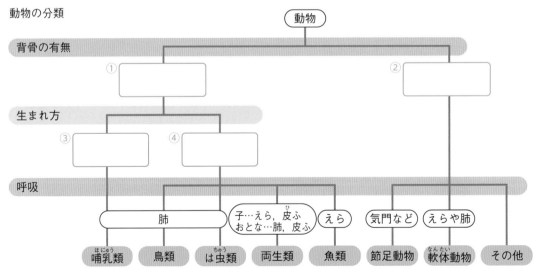

動物

背骨の有無

① □□□□□　② □□□□□

生まれ方

③ □□□□□　④ □□□□□

呼吸

肺　　　子…えら，皮ふ　えら　気門など　えらや肺
　　　　おとな…肺，皮ふ

哺乳類　鳥類　は虫類　両生類　魚類　節足動物　軟体動物　その他

要点　●無脊椎動物には，節足動物や軟体動物などがある。

3章　動物のなかま(3)

① 図1はトノサマバッタの体のつくり，図2はアサリの体のつくりを表したものである。　▶▶ **1**

□(1) 体の外側にかたい殻(から)があり，体が多くの節(ふし)からできている動物を何というか。　（　　　　　　）

□(2) (1)のうち，トノサマバッタを含(ふく)むなかまを何類というか。　（　　　　　　）

□(3) トノサマバッタの胸部や腹部にあるXを何というか。　（　　　　　　）

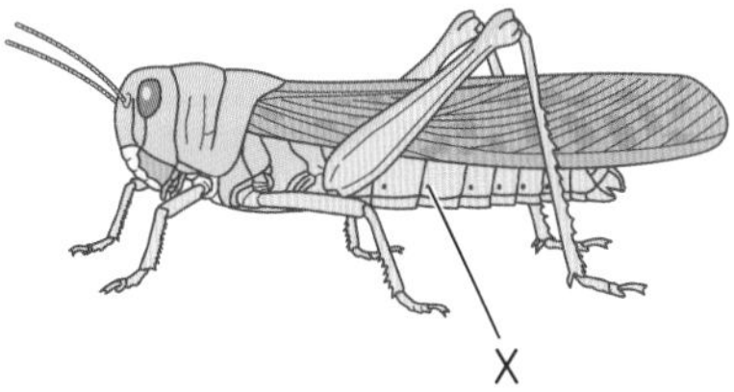

□(4) (1)の動物の1つにザリガニがある。(1)のうち，ザリガニを含むなかまを何類というか。　（　　　　　　）

□(5) アサリのように，内臓が外(がい)とう膜(まく)という膜に包まれた動物を何というか。　（　　　　　　）

□(6) (5)のなかまを，次の⑦〜⑨から全て選びなさい。　（　　　　　　）

　⑦　タコ　　　⑦　フナ　　　⑦　ヤモリ　　　⑨　タニシ

図1

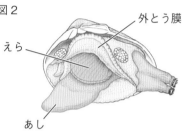

X

図2

外とう膜

えら

あし

② 表は，動物の分類を表したものである。　▶▶ **2**

	哺乳類(ほにゅうるい)	鳥類(ちょうるい)	ⓑ	両生類(りょうせいるい)	魚類(ぎょるい)	節足動物(せっそくどうぶつ)	軟体動物(なんたいどうぶつ)	その他
ⓐの有無	ある					ない		
子の生まれ方	ⓒ	卵生(らんせい)						
呼吸を行う場所	肺			ⓓ	えら	気門など	えらや肺	
動物の例	サル	ハト	ヘビ	カエル	メダカ	カニ	アサリ	ミミズ

□(1) 表のⓐにあてはまることばは何か。　（　　　　　　）

□(2) 表のⓑにあてはまる動物の分類名は何か。　（　　　　　　）

□(3) 表のⓒにあてはまる，哺乳類の子の生まれ方を何というか。　（　　　　　　）

□(4) 表のⓓにあてはまるのは，次の⑦，⑦のどちらか。　（　　　　　　）

　⑦　子はえらと皮(ひ)ふ，おとなは肺と皮ふ　　　⑦　子は肺と皮ふ，おとなはえらと皮ふ

□(5) メダカと同じ魚類に含まれる動物を，次の⑦〜⑨から選びなさい。　（　　　　　　）

　⑦　イカ　　　⑦　フナ　　　⑦　ヤモリ　　　⑨　クラゲ

ヒント　**①** (3) 呼吸のための空気をとり入れる部分である。

ミスに注意　**②** (4) 両生類は，子は水中で生活し，成長すると陸上で生活する。

① 表は，5種類の脊椎動物が1回に産む卵や子の数を表したもので，Dはトノサマガエルで，あとは哺乳類，鳥類，は虫類，両生類，魚類のいずれかの動物である。　20点

□(1)　AとEは，それぞれ何類と考えられるか。

□(2)　水中に卵を産む動物を，A～Eから全て選びなさい。

□(3)　親が子の世話をする動物を，A～Eから全て選びなさい。

□(4)　次の㋐～㋒から正しいものを選びなさい。

　　㋐　1回に産む卵や子の数が多い動物では，大人まで育つものの割合は少ない。

　　㋑　卵からかえった子は小さいので，他の動物に食べられることはあまりない。

　　㋒　1回に産む卵や子の数が少ない動物では，一生を親とともに過ごす傾向がある。

動物	産卵（子）数
A	1
B	4～6
C	6～12
D	約2000
E	5万～8万

② 図は，草食動物のシマウマと肉食動物のライオンの顔を正面から見たようすと頭骨を表したものである。　24点

□(1)　前方の広い範囲が立体的に見えるのは，シマウマとライオンのどちらか。

□(2)　記述　シマウマの2つの目が，図のように側方に向いていることは，どのようなことに役立っているか。思

□(3)　次の文は，草食動物と肉食動物の歯について述べたものである。文中の　　にあてはまることばを，あとの㋐～㋒からそれぞれ選びなさい。

　　草食動物は，草を食いちぎるための　①　と，草を細かくすりつぶすための　②　が発達している。一方，肉食動物は，獲物をとらえるための　③　が発達している。

　　㋐　犬歯　　　㋑　臼歯　　　㋒　門歯

シマウマ　　　　　ライオン

③ 図は，8種類の生物をいろいろな観点で分類したものである。これについて，あとの問いに答えなさい。　56点

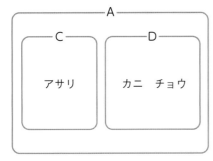

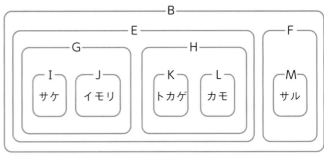

□(1) 記述 AとBのグループに分けるときの基準は何か。簡潔に書きなさい。思

□(2) Aのグループを何というか。

□(3) Cのグループの動物にあてはまる説明を，次の⑦〜⊂から全て選びなさい。
　⑦ 体が外骨格に覆われている。　　⊂ 内臓が外とう膜に包まれている。
　⑤ 多くはえらで呼吸する。　　⊂ 節がなく，筋肉によって動くやわらかいあしをもつ。

□(4) 記述 Dのグループのカニとチョウは呼吸のしかたでさらに分けることができる。このとき，チョウを含むグループの動物はどのように呼吸するか。簡潔に書きなさい。思

□(5) EとFのグループは，Bのグループを子の生まれ方の特徴で分けたものである。Fのグループの子の生まれ方を何というか。

□(6) Eのグループを，さらにGとHのグループに分けたとき，Gのグループの動物にはどのような特徴があるか。次の⑦〜⊂から全て選びなさい。
　⑦ 水中に卵を産む。　　⊂ 体の表面がうろこで覆われている。
　⑤ 卵に殻がある。　　⊂ えらで呼吸する時期がある。

□(7) 次の①〜⑥の動物は，図の8種類の動物のうち，どれと同じグループに含まれるか。それぞれあてはまる動物の名前を，1つずつ書きなさい。
　① コウモリ　　② イカ　　　③ アオダイショウ
　④ ペンギン　　⑤ カブトムシ　⑥ サンショウウオ

化学実験に使う主な器具の使い方

時間 **10分**　解答 p.8

（　　）と□□□にあてはまる語句や数を答えよう。

1 メスシリンダーの使い方

教科書p.78　▶▶

□(1)　液体の体積は，図の①（　　　　　　　　　）を使ってはかることができる。

□(2)　メスシリンダーの使い方
水平な台の上に置き，②（　　　　　）から液面の最も低い位置を見て，最小目盛りの③（　　　　　）まで目分量で読む。

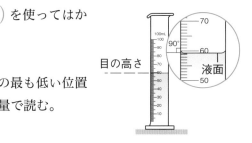

目の高さ　液面

2 電子てんびんと温度計の使い方

教科書p.78　▶▶❷

□(1)　電子てんびんの使い方
水平な台の上に置き，はかる前に表示の数字を①（　　　　　）にしておく。
必要な質量をはかりとる場合は，からの容器や②（　　　　　　）をのせてから，表示の数字を①にする。

電子てんびん
薬包紙

温度計の読み方

□(2)　温度計の使い方
液だめを測定したいものに当てて，真横から液面の最も③（　　　　　　　　）位置を，最小目盛りの④（　　　　　　）まで目分量で読む。

3 ガスバーナーの使い方

教科書p.79　▶▶

□(1)　図の①，②

□(2)　ガスバーナーの火のつけ方
　1.ガス調節ねじと空気調節ねじが
　③（　　　　　　　　）いることを確認して，
　ガスの元栓とコックを開く。
　2.マッチに火をつけ，④（　　　　　）調節
　ねじを少しずつ開いて点火し，炎の大きさを調節する。
　3.⑤（　　　　　）調節ねじを押さえて，⑥（　　　　　　）調節ねじを開き，⑦（　　　　　）
　色の炎にする。

ねじの種類と操作
空気調節ねじ　　　ガス調節ねじ
こちらに回すと　　　こちらに回すと
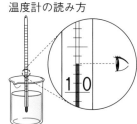
①　　　　　　　②

要点　●メスシリンダーや温度計は，真横から見て液面の最も低い部分を読みとる。

単元 2

物質のすがた──教科書78〜79ページ

① 図のような実験器具に水を入れた。　▶▶ **1**

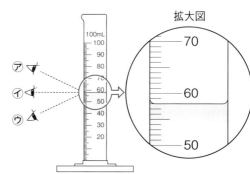
拡大図

□(1) 液体の体積をはかることができる，図の器具を何というか。
（　　　　　　　　　　　　）

□(2) 目盛りを読みとるときの目の位置として正しいものを，次の⑦〜⑨から選びなさい。
（　　　　　　　　　　　　）

□(3) 入っている水の体積は何mLか。
（　　　　　　　　　　　　）

② 図のような実験器具で，物質の質量をはかりとることにした。　▶▶ **2**

A

□(1) 図の実験器具を，何というか。（　　　　　　　　　　　）
□(2) 物質の質量をはかりとるとき，器具にのせる図のAを何というか。
（　　　　　　　　　　　）

□(3) 記述 (2)をのせた後，物質をのせる前にやっておくことを，「表示を〜」に続けて簡潔に書きなさい。
（表示を　　　　　　　　　　　　　　　　）

③ 図のA，Bは，ガスバーナーのねじを表している。　▶▶ **3**

ⓐ　ⓑ
A
B

□(1) ガスの量を調節するねじは，A，Bのどちらか。（　　　　）
□(2) Aのねじを開くとき，ⓐ，ⓑのどちらへ回せばよいか。
（　　　　）

□(3) 次の⑦〜㋭は，ガスバーナーに火をつけるときの各操作である。正しい操作順に記号を並べて書きなさい。
（　　　）→（　　　）→（　　　）→（　　　）→（　　　）
⑦ ガス調節ねじを押さえて，空気調節ねじを少しずつ開く。
⑦ マッチの火を近づけてから，ガス調節ねじをゆるめて点火する。
⑦ ガス調節ねじと空気調節ねじが閉まっているか確認する。
㋓ ガス調節ねじを開いて，炎の大きさを調節する。
㋭ ガスの元栓を開いて，コックを開く。

ミスに注意 **①** (3) $\frac{1}{10}$ まで目分量で読みとるので，答えは小数第一位まで答える。

ヒント **③** (3) 火がついたら，まずは炎の大きさを調節する。

1章　いろいろな物質(1)

（　　）と□□にあてはまる語句を答えよう。

1 物質の性質を調べる方法

教科書p.80〜84　▶▶①

□(1) ものをつくっている材料に注目するときは，それを①（　　　　　　　）という。

□(2) 表の②〜⑥

砂糖，食塩，片栗粉の性質を調べた結果

	②□	③□	④□
加熱したときの変化	火がついて燃えた。	燃えなかった。	茶色になって甘いにおいがした後，燃えた。
石灰水のようす	白くにごった。	－	⑤□
水に入れたとき	⑥□	溶けた。	よく溶けた。
ヨウ素液の色の変化	青紫色になった。	変化しなかった。	変化しなかった。

□(3) 石灰水が白くにごったことから，砂糖と片栗粉は，燃えると⑦（　　　　　　　　）が発生することがわかる。

2 有機物と無機物

教科書p.85　▶▶②

□(1) 加熱すると黒く焦げて炭になったり，二酸化炭素が発生したりする物質には①（　　　　　　）が含まれている。このような物質を②（　　　　　　）という。

□(2) 多くの有機物は加熱すると燃えて，二酸化炭素や③（　　　　　）を発生する。

□(3) 有機物以外の物質を④（　　　　　）という。

□(4) 図の⑤，⑥

⑤□ の例
ろう　　紙　　プラスチック

⑥□ の例
鉄　　水　　酸素　　ガラス

要点	●炭素を含む物質を有機物，有機物以外の物質を無機物という。

1章　いろいろな物質(1)

1 3種類の白い粉末A，B，Cは，砂糖，食塩，片栗粉のいずれかである。これらの物質について，次の実験を行った。表は結果をまとめたものである。　▶▶ **1**

実験　1．A，B，Cをそれぞれ図のように加熱し，変化を調べた。

　　　　2．A，B，Cをそれぞれ水に入れ，溶けるかどうか調べた。

燃焼さじ

	A	B	C
実験1	変化なし。	燃える。	燃える。
実験2	溶ける。	よく溶ける。	ほとんど溶けない。

□(1)　実験1で，B，Cが燃えたときに残った物質があった。この物質の色は何色か。

（　　　　　　　）

□(2)　B，Cを集気瓶の中で燃やした後，石灰水を加えて振ると，石灰水はどうなるか。

（　　　　　　　）

□(3)　白い粉末A，B，Cは，それぞれ砂糖，食塩，片栗粉のうちのどれか。

A（　　　　　　　）

B（　　　　　　　）

C（　　　　　　　）

実験1の結果から，食塩がどれかがわかるよ。

□(4)　ヨウ素液を加えたとき，青紫色に変化するのはA，B，Cのどれか。

（　　　　　　　）

2 図の物質A〜Fについて，答えなさい。　▶▶ **2**

□(1)　燃やしたときに二酸化炭素が発生するものはどれか。A〜Fから全て選びなさい。

（　　　　　　　）

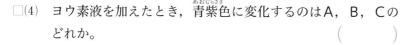
A　　　　　　B　　　　　　C

鉄　　　　ガラス　　　ろう

□(2)　燃やしたときに二酸化炭素が発生するのは，(1)で選んだ物質に何が含まれるからか。次の⑦〜⑤から選びなさい。

（　　　　　　　）

　⑦　酸素　　　　⑦　水素

　⑦　炭素　　　　⑤　窒素

D　　　　　　E　　　　　　F

紙　　　　　水　　　プラスチック

□(3)　(2)を含む物質を何というか。　（　　　　　　　）

□(4)　(3)の多くは，燃やしたときに二酸化炭素と何が発生するか。（　　　　　　　）

□(5)　(1)で選ばなかった物質を，(3)の物質に対して何というか。（　　　　　　　）

ヒント　**1** (2) BやCが燃えると，二酸化炭素が発生する。

ミスに注意　**2** (1) まずは燃えるかどうかを考えるとよい。

（　）と□にあてはまる語句や記号を答えよう。

1 金属の性質

教科書p.86〜87 ▶▶①

□(1)　図の①〜⑤

金属の性質

① [　　　] …磨くと輝く

② [　　　] …たたくと広がる

③ [　　　] …引っ張るとのびる

④ [　　　] が流れやすい

⑤ [　　　] が伝わりやすい

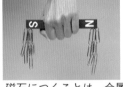

磁石につくことは，金属に共通した性質ではない。

□(2)　金属ではない物質のことを⑥（　　　　　）という。

2 物質の密度

教科書p.88〜91 ▶▶②

物質の種類と密度

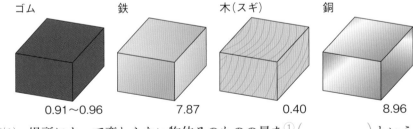

ゴム	鉄	木(スギ)	銅	アルミニウム
0.91〜0.96	7.87	0.40	8.96	2.70

□(1)　場所によって変わらない物体そのものの量を①（　　　　　）という。

□(2)　一定の体積当たりの質量を②（　　　　　）という。

□(3)　密度の単位は，③（　　　　　）（グラム毎立方センチメートル）で表される。

□(4)　物質の密度〔④（　　　　　）〕＝ $\dfrac{物質の⑤（\qquad）〔g〕}{物質の⑥（\qquad）〔cm^3〕}$

要点
●鉄や銅，アルミニウムなどを金属といい，金属でない物質を非金属という。
●一定の体積当たりの質量を密度といい，物質によって値がちがう。

1章　いろいろな物質(2)

❶ 次のA〜Eが金属かどうかを調べた。　▶▶ **1**

コップ(ガラス)

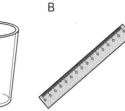
ものさし(竹)

10円硬貨(主に銅)

色紙(紙)

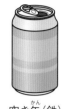
空き缶(鉄)

□(1) 金属を磨くと光を受けて輝く。この金属特有の輝きを何というか。
（　　　　　　　　　）

□(2) 金属がもつ，引っ張るとのびる性質を何というか。（　　　　　　　　　）

□(3) 金属がもつ，たたくと広がる性質を何というか。（　　　　　　　　　）

□(4) 電流が流れやすく，熱が伝わりやすいものはどれか。A〜Eから全て選びなさい。
（　　　　　　　　　）

□(5) 磁石につくものはどれか。A〜Eから選びなさい。　（　　　　　　　　　）

□(6) 金属はどれか。A〜Eから全て選びなさい。　（　　　　　　　　　）

□(7) 金属でない物質を何というか。（　　　　　　　　　）

❷ 金属Xの体積をはかるため，図のように40.0 mLの水が入ったメスシリンダーに
金属Xを沈めた。　▶▶ **2**

□(1) 金属Xの体積は何cm^3か。　（　　　　　　　　　）

□(2) 計算 金属Xの質量をはかると48.6 gであった。金属X
の密度は何g/cm^3か。　（　　　　　　　　　）

□(3) 下の表は，物質の密度を表したものである。金属Xは
何という物質か。表の物質から選びなさい。
（　　　　　　　　　）

拡大図

物質	銅	鉄	アルミニウム
密度〔g/cm^3〕	8.96	7.87	2.70

金属X

□(4) 計算 金属Xの体積が50.0 cm^3のとき，質量は何gか。　（　　　　　　　　　）

□(5) 体積が同じ2種類の物質があるとき，質量が大きくなるのは，密度が大きいほうと小さい
ほうのどちらか。　（　　　　　　　　　）

ミスに注意 ❶ (5)磁石につくことは，全ての金属に共通する性質ではない。

ヒント ❷ (2)密度〔g/cm^3〕＝質量〔g〕÷体積〔cm^3〕の公式を使って求める。

1章　いろいろな物質

❶ ガスバーナーに火をつけたとき，炎が図のようになった。技　　25点

□(1) ねじA，Bは，それぞれ何の量を調節するためのものか。

よく出る □(2) この状態から，炎を青い色にするためには，ねじA，Bをどのように操作すればよいか。それぞれ，次の⑦～⑨から選びなさい。

⑦　ⓐの向きに回す。　　　⑦　ⓑの向きに回す。

⑨　押さえて動かないようにする。

□(3) 次の⑦～⑨は，ガスバーナーの火を消すときの各操作である。正しい操作順に記号を並べて書きなさい。

⑦　コックを閉めて，ガスの元栓を閉める。

⑦　ねじAを閉める。

⑨　ねじBを閉める。

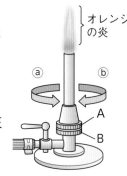

オレンジ色の炎

ⓐ　ⓑ

A
B

❷ 砂糖，ペットボトル，食塩，紙，木，ろうをガスバーナーで加熱し，そのときの変化を調べた。火がついた物質は，図のようにして，石灰水が入った集気瓶に入れ，火が消えてから取り出した後，ふたをしてよく振り，石灰水の変化を観察した。

20点

□(1) 加熱したときに火がつかないものはどれか。

□(2) (1)で答えた物質以外は，どれも黒く焦げて炭が残り，石灰水を白くにごらせた。また，燃えているときに，集気瓶の内側を観察するとくもっていた。

①　石灰水を白くにごらせた気体は何か。

②　集気瓶の内側についたくもりは何か。

③　加熱すると，黒く焦げて炭になったり，①の気体を発生したりする物質を何というか。

ふたをして燃やす
燃焼さじ

燃え終わったらよく振る

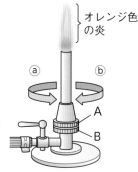

石灰水

❸ 金属の性質について，次の問題に答えなさい。　　25点

□(1) 次の①～⑤について，全ての金属に共通する性質には○，一部の金属にはあてはまる性質には△，金属にはあてはまらない性質には×をつけなさい。

①　磁石に引きつけられる。

②　電流が流れやすい。

③　磨くと輝く。

④　たたくと細かくくだける。

⑤　引っ張るとのびる。

点UP □(2) 記述　料理に使うフライパンの加熱部分には，鉄やアルミニウムなどの金属が使われている。その理由を簡潔に書きなさい。思

成績評価の観点　　技…観察・実験の技能　　思…科学的な思考・判断・表現

④ 表は物質A〜Eについて，それぞれの体積と質量を測定し，密度を求めたものである。

	A	B	C	D	E
体積〔cm³〕	25.0	43.0	28.0	40.0	14.0
質量〔g〕	67.5	22.8	294.0	314.8	270.2
密度〔g/cm³〕		0.53	10.5	7.87	19.3

よく出る □(1) 計算 Aの密度は何 g/cm³ か。

□(2) A〜Eのうち，体積を同じにしたときの質量が，①最小のもの，②最大のものは，それぞれどれか。

□(3) 水に浮く物質はA〜Eのどれか。ただし，A〜Eはどれも水に溶けないものとし，水の密度は 1.00 g/cm³ とする。

点UP □(4) 記述 (3)で水に浮く物質がどれかを判断した理由を簡潔に書きなさい。思

水

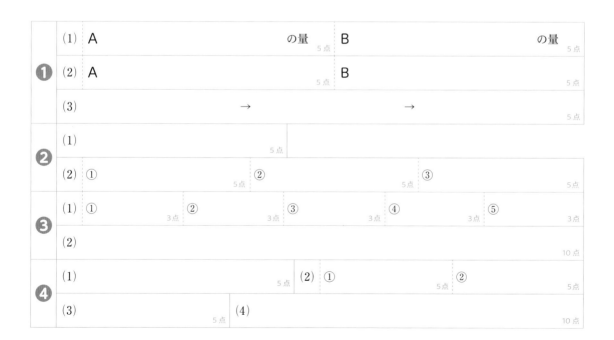

( )と□にあてはまる語句や数を答えよう。

1 気体の性質の調べ方と集め方

教科書 p.92〜94　▶▶ ①

□(1)　気体のにおいを調べるときは，手で① ( ) ようにして嗅ぐ。

□(2)　図の②〜④

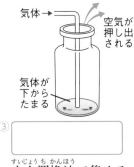

②
③
④

□(3)　水に⑤ ( ) 気体は，水上置換法で集める。

□(4)　水に溶けやすく空気より密度が⑥ ( ) 気体は，下方置換法で集める。

□(5)　水に溶けやすく空気より密度が⑦ ( ) 気体は，上方置換法で集める。

2 酸素と二酸化炭素の性質

教科書 p.95〜96　▶▶ ②

□(1)　図の①，②

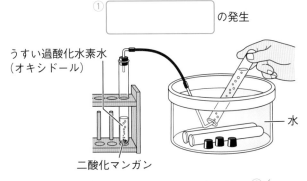
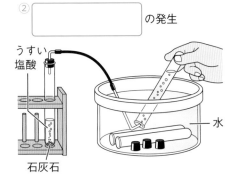

①　　　　　　　の発生
②　　　　　　　の発生

□(2)　酸素は，色もにおいもなく，水に溶け③ ( )。また，ものを④ ( ) はたらき (助燃性) があり，空気の約⑤ ( ) 割の体積を占めている。

□(3)　二酸化炭素は，色もにおいもなく，水に⑥ ( ) 溶ける。水溶液は⑦ ( ) 性を示す。また，⑧ ( ) を白くにごらせる。

□(4)　酸素の中に火のついた線香を入れると，線香は⑨ ( ) 燃える。一方，二酸化炭素の中へ入れると，火は⑩ ( )。

要点　●気体の集め方は水への溶けやすさや密度の大きさなどを考えて決める。

2章　気体の発生と性質(1)

❶ 図のA〜Cは，気体の集め方を表したものである。　▶▶ **1**

□(1)　A〜Cの集め方を，それぞれ何というか。

A（　　　　　　　）
B（　　　　　　　）
C（　　　　　　　）

□(2)　次の性質をもつ気体を集めるのに最も適した集め方は，それぞれ図のA〜Cのどれか。

① 水に溶けやすく，空気よりも密度が大きい気体。　（　　　　　）

② 水に溶けやすく，空気よりも密度が小さい気体。　（　　　　　）

③ 水に溶けにくい気体。　（　　　　　）

□(3)　記述 気体のにおいを調べるとき，どのようにして嗅ぐのがよいか。「手」の語句を使って答えなさい。（　　　　　　　　　　　　　　）

❷ 図のような装置で，酸素を発生させた。　▶▶ **2**

□(1)　液体Xは何か。次の⑦〜⑨から選びなさい。

　⑦　塩酸　　　⑦　石灰水　　　（　　　　　）

　⑨　うすい過酸化水素水

液体X
水
二酸化マンガン

□(2)　酸素の説明として正しいものを，次の⑦〜①から全て選びなさい。　（　　　　　）

　⑦　色がない。　　　　　⑦　においがある。

　⑨　水に溶けにくい。　　①　体積で空気の約8割を占める。

□(3)　図の装置で二酸化炭素を発生させるとき，液体Xと二酸化マンガンの代わりに，それぞれ何を使えばよいか。次の⑦〜⑨から選びなさい。　（　　　　　）

　⑦　うすい塩酸と石灰石　　　⑦　食塩水と石灰石　　　⑨　塩酸とアルミニウム

□(4)　二酸化炭素の説明として正しいものを，次の⑦〜①から全て選びなさい。

　⑦　色がある。　　　　　⑦　においがない。　　　（　　　　　）
　⑨　水溶液は酸性を示す。　①　密度が空気より小さい。

□(5)　記述 二酸化炭素を石灰水に通すと，石灰水はどうなるか。（　　　　　　　　　　　　　　）

□(6)　酸素と二酸化炭素を集めた試験管に，それぞれ火のついた線香を入れた。このとき線香が激しく燃えたのはどちらの試験管か。　（　　　　　）

ミスに注意 ❶ (2) 空気より密度が大きいというのは，空気より重いということ。

ヒント ❶ (3) 有毒な気体かもしれないので，直接嗅いではいけない。

（　）と□にあてはまる数や語句を答えよう。

1 窒素・水素・アンモニアの性質

教科書p.98〜99　▶▶ **1 2**

□(1)　窒素は，空気の約①（　　　　　　　）割を占める。においや色はなく，水にほとんど溶けない。

□(2)　図の②，③

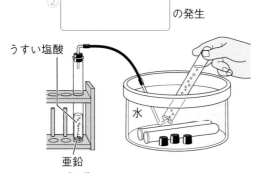

② □　　　　　　　　の発生

うすい塩酸

水

亜鉛

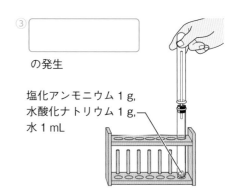

③ □

の発生

塩化アンモニウム１g，
水酸化ナトリウム１g，
水１mL

□(3)　水素は最も密度の④（　　　　　　　）気体で，水に溶け⑤（　　　　　　　）。酸素が混ざり，火にふれると爆発的に燃え⑥（　　　　　　　）ができる。

□(4)　アンモニアは，空気よりも密度が⑦（　　　　　　　）。また，水に⑧（　　　　　　　）ので，⑨（　　　　　　　）法で集める。水溶液は⑩（　　　　　　　）性を示し，特有の刺激臭がある。

2 いろいろな気体の性質

教科書p.99〜101　▶▶ **3**

□(1)　ヘリウム　密度の①（　　　　　　　）気体で，風船に詰めて浮かせる気体として使われる。

風船（ヘリウム）

□(2)　メタン　都市ガスの原料や火力発電の②（　　　　　　　）に使われる。

□(3)　一酸化炭素　酸素が十分にない状態で③（　　　　　　　）が燃えるとできる。有毒で，色もにおいもない。

□(4)　硫化水素　火山ガスに含まれている。有毒で，④（　　　　　　　）臭をもつ。

□(5)　塩化水素　水に溶けやすく，水溶液は⑤（　　　　　　　）性。塩酸は塩化水素の水溶液である。

脱色作用
（塩素）

□(6)　塩素　⑥（　　　　　　　）色で，特有の刺激臭がある。水に溶けやすく，空気より密度が大きいので⑦（　　　　　　　）法で集める。⑧（　　　　　　　）作用や殺菌作用がある。

> 要点
> ●水素は最も密度の小さい気体である。
> ●アンモニアは水によく溶けて水溶液はアルカリ性を示す。

2章　気体の発生と性質(2)

❶ 図のように，亜鉛にうすい塩酸を加えたところ気体が発生した。 ▶▶ **1**

☐(1) 発生した気体は何か。　　　　　　　　　（　　　　　　　）

☐(2) 図の方法で集めたのは，発生した気体にどのよう
　　　な性質があるからか。次の⑦〜⊆から選びなさい。
　　　⑦　密度が空気よりも大きい。　　　（　　　　　　　）
　　　④　密度が空気よりも小さい。
　　　⑨　水に溶けやすい。
　　　⊆　水に溶けにくい。

☐(3) この気体の確認方法を示した次の文の①，②にあてはまる語句を，それぞれ書きなさい。
　　　気体を集めた試験管の口にマッチの火を近づけると，気体が ① して ② ができるた
　　　め，試験管の内側がくもる。　　　　　　　　　　　①（　　　　　　）②（　　　　　　）

**❷ 図のようにして，2種類の物質を混ぜて水1mLを落とし，発生したアンモニア
を集めた。** ▶▶ **1**

☐(1) 混合した2種類の物質は何か。次の⑦〜⊆から2つ選びなさ
　　　い。　　　　　　　　　　　　　　　　　（　　　　　　　）
　　　⑦　水酸化ナトリウム　　　④　二酸化マンガン
　　　⑨　塩化アンモニウム　　　⊆　石灰石

☐(2) 気体を集めた試験管の口に，水でぬらしたリトマス紙を近づ
　　　けるとどうなるか。次の⑦〜⑨から選びなさい。
　　　⑦　赤色リトマス紙が青色に変わる。　　（　　　　　　　）
　　　④　青色リトマス紙が赤色に変わる。
　　　⑨　リトマス紙が脱色される。

☐(3) アンモニアの性質として誤っているものを，次の⑦〜⑨から選びなさい。　　（　　　　　　　）
　　　⑦　空気より密度が大きい。　　　④　特有の刺激臭がある。　　　⑨　水によく溶ける。

❸ 次の(1)〜(3)にあてはまる気体を，あとの⑦〜⑦から選びなさい。 ▶▶ **2**

☐(1) 黄緑色の気体で，脱色作用，殺菌作用がある。　　　　　　　　　　　（　　　　　　　）

☐(2) 水溶液は塩酸とよばれる。　　　　　　　　　　　　　　　　　　　　（　　　　　　　）

☐(3) 密度が小さく，風船に詰める気体として使われている。　　　　　　　（　　　　　　　）
　　　⑦　ヘリウム　　　④　一酸化炭素　　　⑨　塩素　　　⊆　塩化水素　　　⑦　硫化水素

ヒント　❷ (3)上方置換法（じょうほうちかんほう）で集めていることに注目する。

ぴたトレ 3 確認テスト

2章　気体の発生と性質

時間30分　／100点　合格70点　解答 p.11

❶ 図のように，液体Ｘと固体Ｙにいろいろな物質を使って気体を発生させ，それぞれ試験管に３本ずつ集めて性質を調べた。

44点

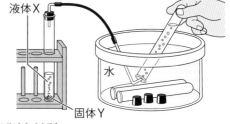

□(1) 図のような気体の集め方の説明として正しいものを，次の⑦～⑤から選びなさい。技

⑦ 空気より密度の小さい気体を集めるのに適している上方置換法である。

④ 空気より密度の大きい気体を集めるのに適している下方置換法である。

⑨ 水に溶けにくい気体を集めるのに適している水上置換法である。

⑤ 水によく溶ける気体を集めるのに適している水上置換法である。

□(2) 次の①～③の気体を発生させるとき，用いる液体Ｘと固体Ｙとして正しいものを，あとの⑦～⑤から１つずつ選びなさい。なお，同じものを何度選んでもよい。

① 酸素　　　　② 水素　　　　③ 二酸化炭素

⑦ うすい過酸化水素水　　④ 亜鉛　　　⑨ 食塩

⑤ 石灰石　　　　⑥ うすい塩酸　　　⑦ 二酸化マンガン

□(3) 記述 ３本の試験管に集めた気体のうち，１本目の試験管の気体は性質を調べるときに使用しない。その理由を簡潔に書きなさい。思

□(4) 気体を集めた試験管を使った実験で，次の①，②のようになる気体は，それぞれ酸素，水素，二酸化炭素のどれか。

① 石灰水を加えて振ると，石灰水が白くにごる。

② 火のついた線香を入れると，線香が激しく燃える。

❷ かわいた丸底フラスコにアンモニアを満たし，図のような装置をつくった。スポイトの水をフラスコの中に入れると，フェノールフタレイン液を加えた無色の水がふき上がって色が変わった。

20点

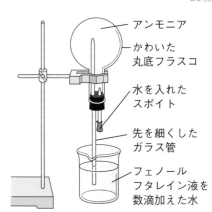

□(1) アンモニアは，どのような方法で集めるか。次の⑦～⑨から選びなさい。

⑦ 水上置換法　　④ 上方置換法

⑨ 下方置換法

□(2) 無色のフェノールフタレイン液の色を変える水溶液の性質は何性か。

□(3) ふき上がった水の色は何色になったか。次の⑦～⑤から選びなさい。

⑦ 青色　　　④ 赤色

⑨ 黄色　　　⑤ 緑色

46　　成績評価の観点　技…観察・実験の技能　思…科学的な思考・判断・表現

(4) 記述 ビーカーの水がふき上がったのは，アンモニアにどのような性質があるためか。簡潔に書きなさい。思

3 次のA〜Eは，気体の性質や用途などをまとめたものである。 36点

A 刺激臭があり黄緑色で，プールの消毒や漂白剤に使われている。

B 有機物の不完全燃焼でできる有毒な気体で，においも色もない。

C 空気のおよそ8割を占めていて，食品の変質を防ぐために封入される。

D 都市ガスの原料や火力発電の燃料になり，においも色もない。

E 刺激臭があり無色で，水溶液を塩酸という。

(1) A〜Eの気体は何か。次の⑦〜⑨から1つずつ選びなさい。
　　⑦ 窒素　　　⑥ 一酸化炭素　　　⑨ 塩化水素　　　⑪ 硫化水素
　　⑦ 塩素　　　⑦ メタン　　　⑨ ヘリウム

(2) 水に溶けにくい気体を，A〜Eから全て選び，記号で答えなさい。

(3) 空気よりも密度が小さい気体を，A〜Eから全て選び，記号で答えなさい。

(4) 有機物である気体を，A〜Eから全て選び，記号で答えなさい。

(5) 水溶液に青色のリトマス紙をつけたとき，リトマス紙の色が変化する気体を，A〜Eから全て選びなさい。

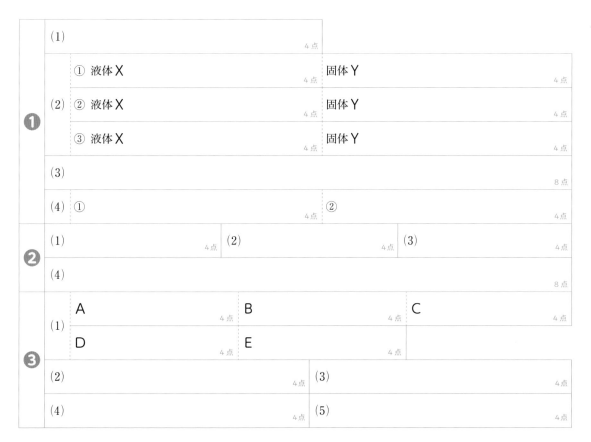

単元2

物質のすがた──教科書92〜101ページ

定期テスト
予報　酸素，水素，二酸化炭素については，発生法，空気と比べた密度，水への溶け方，集め方などの性質を確実に覚えておくこと。

3章　物質の状態変化(1)

（　　）と □ にあてはまる語句を答えよう。

1 状態変化と質量・体積

□(1) 物質の状態が固体⇄液体⇄気体と変わることを，
物質の①（　　　　　　　　）という。

ろうの状態変化

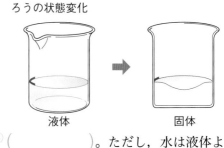

液体　　　　　　固体

□(2) ろうが液体から固体に状態変化すると，体積は
②（　　　　　　　　）が，質量は変化③（　　　　　　　　）。
このことから，密度は④（　　　　　　　　）なったこ
とがわかる。

□(3) ほとんどの物質は，液体よりも固体の方が密度が⑤（　　　　　　　　）。ただし，水は液体よ
りも固体（氷）の方が密度が⑥（　　　　　　　　）。

□(4) 液体⇄気体の変化が起こるときの体積の変化は，固体⇄液体の変化が起こるときの体積の
変化と比べると非常に⑦（　　　　　　　　）。

□(5) 図の⑧～⑩

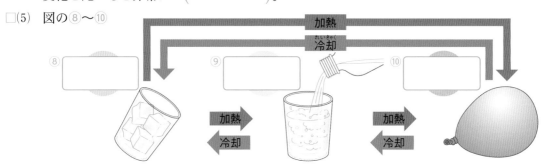

2 状態変化と粒子の運動

□(1) 物質をつくる①（　　　　　　　　）は絶えず動いている。粒子の②（　　　　　　　　）のようすで，
物質の状態が決まる。

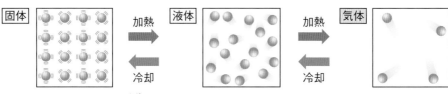

□(2) 固体…粒子がその場で穏やかに運動して，③（　　　　　　　　）並んでいる。

□(3) 液体…固体よりも激しく運動していて，粒子どうしの距離が④（　　　　　　　　）なる。

□(4) 気体…粒子の運動が液体のときよりも激しく，粒子は自由に空間を動く。粒子どうしの距
離は非常に⑤（　　　　　　　　）。

□(5) 状態が変化しても粒子そのものの数は変わらないので，⑥（　　　　　　　　）は変化しない。

要点　●物質が状態変化するとき体積は変化するが，質量は変化しない。

3章　物質の状態変化(1)

1 ろうが液体から固体になるときの体積の変化を調べた。　▶▶ **1**

□(1) 液体のろうが冷えて固体になるとき，その表面のようすはどうなるか。次の⑦～⑦から選びなさい。（　　）

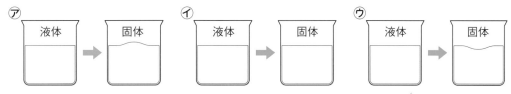

⑦ 液体 → 固体　　⑦ 液体 → 固体　　⑦ 液体 → 固体

□(2) 液体のろうが冷えて固体になると，その質量はどうなるか。（　　　　　）

□(3) 物質が温度によって，固体・液体・気体と，その状態を変えることを何というか。
（　　　　　）

□(4) (3)の変化では，体積と質量はどうなるか。次の⑦～⊆から選びなさい。（　　）

　　⑦ 体積も質量も変化しない。　　　⑦ 体積は変化しないが，質量は変化する。

　　⑦ 体積も質量も変化する。　　　　⊆ 体積は変化するが，質量は変化しない。

□(5) 固体よりも液体の方が密度が大きい物質を，次の⑦～⑦から選びなさい。（　　）

　　⑦ 水　　　⑦ 鉄　　　⑦ エタノール

2 図は，状態変化における物質をつくる粒子のようすを模式的に表したものである。▶▶ **2**

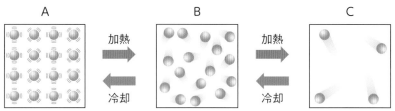

A　　　　B　　　　C

加熱 →　　加熱 →

← 冷却　　← 冷却

□(1) 物体の状態は，物質をつくる粒子の何によって変わるか。次の⑦～⑦から選びなさい。

　　⑦ 粒子の数　　　⑦ 粒子の質量　　　⑦ 粒子の運動のようす　　（　　）

□(2) 物質の固体・気体の状態を表したものを，それぞれA～Cから選びなさい。

固体（　　）　気体（　　）

□(3) A～Cを体積が大きい順に正しく並べたものを，次の⑦～⑰から選びなさい。ただし，水の場合は除くものとする。（　　）

　　⑦ A＞B＞C　　　⑦ A＞C＞B　　　⑦ B＞A＞C

　　⊆ B＞C＞A　　　⑦ C＞B＞A　　　⑰ C＞A＞B

□(4) 記述 物質の状態変化で質量が変化しない理由を，「粒子」という語句を使って簡潔に書きなさい。（　　　　　　　　　　　　　　　　　）

ミスに注意 **1** (1) ほとんどの物質は，液体よりも固体の密度の方が大きい。

ヒント **2** (4) 状態変化では，粒子の質量が変わることはない。

3章　物質の状態変化(2)

（　）と□□□にあてはまる数や語句，記号を答えよう。

1 状態変化と温度

教科書p.110〜114　▶▶ 1

□(1)　氷を加熱すると，① (　　　　　　　) ℃で水になり始め，② (　　　　　　　) ℃付近で沸騰が始まる。状態が変化している間は，温度は③ (　　　　　　　)。

□(2)　図の④，⑤

水の状態変化と温度

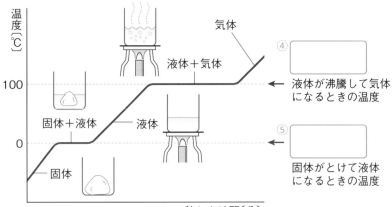

□(3)　1種類の物質からできているものを⑥ (　　　　　　　) という。また，いろいろな物質が混ざり合っているものを⑦ (　　　　　　　) という。混合物の融点や沸点は決まった温度に⑧ (　　　　　　　)。

2 蒸留

教科書p.115〜116　▶▶ 2

□(1)　液体を沸騰させて気体にし，それを冷やして，また液体にして集める方法を① (　　　　　　) という。

□(2)　蒸留の実験の結果
- エタノールのにおいが強いのは② (　　　　) で，ⓒはにおいはしない。
- 火をつけると長く燃えるのは③ (　　　　) で，ⓒは燃えない。
  ➡ はじめに出てくる気体は，水より④ (　　　　) の低いエタノールを多く含んでいる。

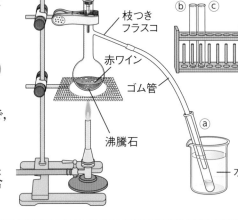

要点
- ●固体が液体になる温度を融点，液体が沸騰して気体になる温度を沸点という。
- ●液体の混合物は，沸点のちがいを利用した蒸留によって分けることができる。

3章　物質の状態変化(2)

① 図は，氷(固体の水)を一定の強さで加熱し，加熱した時間と温度との関係をグラフに表したものである。　▶▶ 🔢

□(1)　図のX，Yにあてはまる数を，それぞれ書きなさい。
　　　　　　　　X (　　　　　)　Y (　　　　　)

□(2)　図のX，Yの温度を，それぞれ水という物質の何というか。　X (　　　　　)　Y (　　　　　)

□(3)　図のA，Dのときの物質の状態を，次の⑦〜⑦から1つずつ選びなさい。　A (　　　　　)
　　　　　　　　　　　　　　　　　　　　　　　D (　　　　　)

　⑦　気体のみ　　　⑦　気体と液体　　　⑦　液体のみ
　⑦　固体と液体　　　⑦　固体のみ

□(4)　水のように，1種類の物質からできているものを何というか。（　　　　　　　　）

□(5)　(4)に対して，いろいろな物質が混ざり合っているものを何というか。（　　　　　　　　）

② 次の実験について答えなさい。　▶▶ 🔢

実験 枝つきフラスコに水9mLとエタノール3mLを混ぜた液体を入れ，弱火で加熱した。液体が沸騰し始めると，水に入れた試験管に液体がたまり始めた。液体が2mLたまるごとに試験管を入れ換え，3本の試験管に液体を集めた。表は，試験管に集めた液体を調べた結果である。

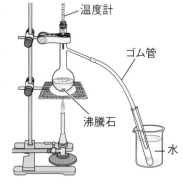

温度計
ゴム管
沸騰石
水

	温度(℃)	におい	火をつけたとき
1本目	72.5〜80.6	エタノールのにおい	長く燃えた
2本目	80.6〜93.2	少しエタノールのにおい	少し燃えて消えた
3本目	93.2〜98.7	においはしない	燃えなかった

□(1)　1本目の試験管，3本目の試験管に集められた液体は，それぞれどのようなものか。次の⑦〜⑦から選びなさい。　　　　1本目 (　　　)　3本目 (　　　)
　⑦　エタノールに少量の水が混じった液体。
　⑦　エタノールと水がほぼ同量混じり合った液体。
　⑦　水に少量のエタノールが混じった液体。

□(2)　この実験のように，液体を沸騰させて得られた気体を集めて冷やし，再び液体を得る操作を何というか。　　　　　　　　　　　　　　　　　（　　　　　　　　）

□(3)　(2)は，物質の何のちがいを利用しているか。　　　　　　　　（　　　　　　　　）

ミスに注意 ① (3)水は，状態が変化している間は，温度は変わらない。
ヒント ② (1)水とエタノールでは，エタノールの方が沸点が低い。

3章　物質の状態変化

時間30分　／100点　合格70点

解答 p.12

① 図は，物質の状態変化と熱のやりとりを表したもので，矢印は加熱，または冷却を表している。

36点

□(1) 矢印ⓐ〜ⓕのうち，冷却を表しているものを３つ選びなさい。

□(2) 空気を追い出したポリエチレンの袋にドライアイス（固体の二酸化炭素）の小片を入れてその口を閉じたところ，袋が大きく膨らんだ。

　① 袋が膨らんだときの二酸化炭素の状態変化を表した矢印は，ⓐ〜ⓕのどれか。

　② 袋が膨らんだとき，二酸化炭素の体積はどうなったか。

　③ 袋が膨らんだとき，二酸化炭素の質量はどうなったか。

□(3) 液体の水が氷と水蒸気になるとき，その体積はそれぞれどうなるか。

□(4) 物質は，粒子によって構成されていると考え，固体・液体・気体を次の⑦〜⑨のように表した。気体のモデルとして，適切なものはどれか。

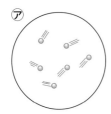

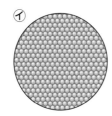

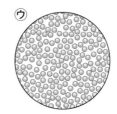

② 物質Ａ〜Ｅを加熱したとき，状態が変化する温度を表にまとめた。

25点

	A	B	C	D	E
固体がとけて液体になる温度Ｘ〔℃〕	− 218	− 115	− 39	0	63
液体が沸騰して気体になる温度Ｙ〔℃〕	− 183	78	357	100	351

□(1) 温度Ｘ，Ｙをそれぞれ何というか。

□(2) 常温（20℃）で固体の物質はどれか。表のＡ〜Ｅから選びなさい。

□(3) − 20℃では固体，20℃では液体の物質はどれか。表のＡ〜Ｅから選びなさい。

□(4) エタノールはどれか。表のＡ〜Ｅから選びなさい。

❸ 図のような装置で，水10 mLとエタノール3 mLの混合物（こんごうぶつ）を弱火で加熱し，発生した気体を冷やして液体にして，2 mLずつ試験管ⓐ，ⓑ，ⓒの順に集めた。 **39点**

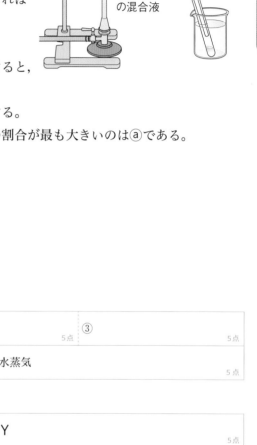

温度計
枝つきフラスコ
ⓑ ⓒ
ゴム管
X
水とエタノール
の混合液

 □(1) 図のXを何というか。

□(2) 記述 フラスコにXを入れるのはなぜか。簡潔に書きなさい。技

□(3) 記述 この実験で加熱をやめる前に，ゴム管の先を試験管の中の液体の中から抜きとる必要がある。その理由を簡潔に書きなさい。技

□(4) 試験管ⓐ～ⓒに集まった液体について，正しければ「○」，誤っていれば「×」を書きなさい。

① 試験管ⓐの液体は，ほぼ水である。

② 試験管ⓐの液体を脱脂綿（だっしめん）につけて火をつけると，よく燃える。

③ 試験管ⓒの液体はエタノールのにおいがする。

④ 試験管ⓐ～ⓒの液体の中で，エタノールの割合が最も大きいのはⓐである。

❶	(1)				6点			
	(2)	①		5点	②	5点	③	5点
	(3)	氷		5点	水蒸気			5点
	(4)			5点				
❷	(1)	X		5点	Y			5点
	(2)		5点	(3)		5点	(4)	5点
❸	(1)			5点				
	(2)							7点
	(3)							7点
	(4)	①	5点	②	5点	③	5点	④	5点

定期テスト予報 状態変化と体積の変化に関する問題や蒸留をとり上げた問題が出やすいでしょう。状態変化と温度，体積，質量の関係をおさえておきましょう。

( )と□にあてはまる語句を答えよう。

1 物質の溶解と粒子

教科書p.118〜120 ▶▶ 1

□(1) 砂糖水のように，水に物質が溶けた液体を①( )という。①には色のついたものとついていないものがあるが，どちらも②( )で均一である。

□(2) 図の③，④

□(3) 溶質が溶媒に溶ける現象を⑤( )といい，溶けた液体を⑥( )という。

□(4) 水溶液の質量は，⑦( )と溶質の質量の和に等しい。

□(5) 水に溶けて均一に散らばった溶質の⑧( )は，時間がたっても沈むことはない。

□(6) 固体が水に溶けて見えなくなっても，溶質の粒子は存在しているので，全体の質量は⑨( )。

水溶液に溶けている物質
③ [   ]

溶質を溶かしている液体
④ [   ]

溶液
（水溶液）

砂糖　　＋　　水　　＝　　砂糖水

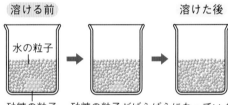

砂糖が水に溶けるようす
溶ける前　　　　　　　　溶けた後

水の粒子

砂糖の粒子　　砂糖の粒子がばらばらになっていく。

2 溶解度

教科書p.122〜125 ▶▶ 2

□(1) 一定量の水に溶ける物質の最大の量を，その物質の①( )といい，ふつう水100gに溶ける溶質の質量で表す。水の量が半分なら，溶けきれる量も②( )になる。

□(2) 物質が溶解度まで溶けている状態を③( )しているといい，この状態の水溶液を④( )という。

□(3) 溶解度は物質ごとに決まった値となり，⑤( )によって変化する。

□(4) ⑥( )（食塩の主成分）は，温度が変わっても溶解度があまり変化しない。

いろいろな物質の溶解度曲線

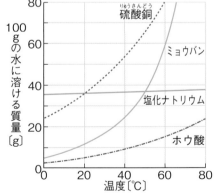

硫酸銅
ミョウバン
塩化ナトリウム
ホウ酸

100gの水に溶ける質量〔g〕
80
60
40
20
0

0　20　40　60　80
温度〔℃〕

要点
●溶液は溶質と溶媒からできている透明で均一な混合物である。
●溶解度は水の温度によって変化する。

ぴたトレ 2 練習

4章　水溶液(1)

1 食塩を水に溶かして食塩水をつくった。　▶▶ **1**

□(1) 食塩水の食塩のように，水に溶けている物質を何というか。（　　　　）

□(2) 食塩水の水のように，溶質を溶かしている液体を何というか。（　　　　）

□(3) (1)が(2)に溶ける現象を何というか。（　　　　）

□(4) (3)の現象によってできた液体(全体)を何というか。（　　　　）

□(5) 食塩が水に溶けたときの，食塩の粒子のようすとして最も適切なものはどれか。次の⑦～⑤から選びなさい。（　　　　）

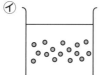
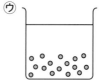
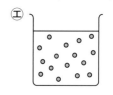

□(6) つくった食塩水をしばらくそのまま置いておくと，食塩の粒子はどうなるか。(5)の⑦～⑤から選びなさい。（　　　　）

2 図は，いろいろな物質の，100gの水に溶ける質量と温度の関係を表したグラフである。　▶▶ **2**

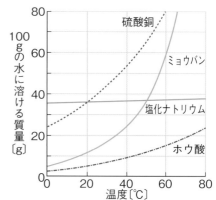

□(1) 一定量の水に溶ける物質の最大の量を，その物質の何というか。（　　　　）

□(2) 溶ける限度の質量まで物質を溶かした水溶液を何というか。（　　　　）

□(3) 図中の4つの物質のうち，次の①～③にあてはまるものをそれぞれ選びなさい。

　① 水の温度が10℃，60℃のとき，100gの水に溶ける量が最も多い物質。

　　　　　10℃（　　　　）
　　　　　60℃（　　　　）

　② 水の温度が40℃のとき，100gの水に溶ける質量が最も少ない物質。

　　　　　　　　　　　　　　　（　　　　）

　③ 水の温度が変化しても，溶ける量があまり変化しない物質。（　　　　）

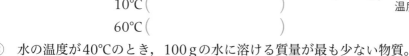

ミスに注意 **1** (6) 一度均一になった粒子は，均一のままである。

ヒント **2** (3)③グラフの上下の変化がいちばん少ないものを選ぶ。

( )にあてはまる語句を答えよう。

⓵ 再結晶

教科書p.123〜125 ▶▶❶

□(1) 規則正しい形をした固体を①( )という。
□(2) 結晶中では，物質の粒子が②( )並んでいる。
□(3) 一度溶かした物質を，再び結晶としてとり出すことを③( )という。
□(4) 右の図で，60℃の水100gに溶けるだけ溶かしたミョウバンの飽和水溶液を20℃まで冷やしたとき，再結晶によって得られる量は，60℃のときと20℃のときの縦軸の④( )である。
□(5) 再結晶には，水溶液を冷やす方法と，水分を⑤( )させる方法がある。

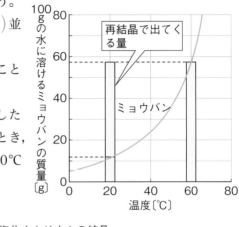

再結晶で出てくる量

ミョウバン

100gの水に溶けるミョウバンの質量〔g〕

温度〔℃〕

ミョウバンと塩化ナトリウムの結晶

□(6) 再結晶を利用すると，⑥( )な物質を得ることができる。

ミョウバン

塩化ナトリウム

❷ 水溶液の濃度

教科書p.126〜127 ▶▶❷

□(1) 水溶液の濃さを比べるには，一定量の水溶液に溶けている①( )の量で比べなければならない。
□(2) 水溶液の濃さは，水溶液の質量に対する溶質の割合で表すことができ，これを水溶液の②( )という。
□(3) 水溶液の質量に対する溶質の質量の割合を百分率（％）で表したものを③( )という。
□(4) 水溶液の質量パーセント濃度（％）は，次の式で求める。

硫酸銅水溶液（5％と15％）

$$質量パーセント濃度〔％〕=\frac{④(\qquad)の質量〔g〕}{⑤(\qquad)の質量〔g〕}\times100$$

$$=\frac{⑥(\qquad)の質量〔g〕}{⑦(\qquad)の質量〔g〕+溶質の質量〔g〕}\times100$$

要点 ●質量パーセント濃度は溶質の質量が溶液の質量の何％になるかで表す。

4章　水溶液⑵

1 表は，100gの水に溶ける硝酸カリウムと塩化ナトリウムの質量と水の温度との関係を表したものである。　▶▶ **1**

□(1) 計算 40℃の水100gに硝酸カリウムを55.0g溶かした。この水溶液には硝酸カリウムを，あと何g溶かすことができるか。

（　　　　　　）

□(2) 計算 60℃の水100gに塩化ナトリウムを50.0g溶かした。このとき，溶け残る塩化ナトリウムは何gか。（　　　　　　）

□(3) 計算 80℃の水100gを使って，硝酸カリウムの飽和水溶液をつくった。この飽和水溶液の温度を40℃まで下げると，硝酸カリウムの結晶が何g出てくるか。

（　　　　　　）

□(4) (3)のようにして，一度溶かした物質を再び結晶としてとり出すことを何というか。（　　　　　　）

水の温度〔℃〕	硝酸カリウム〔g〕	塩化ナトリウム〔g〕
0	13.3	35.6
20	31.6	35.8
40	63.9	36.3
60	109.2	37.1
80	168.8	38.0

□(5) 記述 (4)と同じようにして，塩化ナトリウムの結晶をとり出そうとしたが，結晶は現れなかった。塩化ナトリウムの結晶をとり出すには，どのようにすればよいか。解答欄のことばに続けて書きなさい。　　　（水を　　　　　　　　　　　　　　）

□(6) 硝酸カリウムと塩化ナトリウムの結晶として最も適当なものを，次の⑦～エからそれぞれ選びなさい。　　　硝酸カリウム（　　　）　塩化ナトリウム（　　　）

⑦　　　　　　　イ　　　　　　　ウ　　　　　　　エ

2 砂糖25gを水75gに溶かした砂糖水Aと，砂糖30gを水120gに溶かした砂糖水Bがある。　▶▶ **2**

□(1) 砂糖水の溶質と溶媒を，それぞれ書きなさい。

溶質（　　　　　）　溶媒（　　　　　）

□(2) 水溶液の質量に対する溶質の質量の割合を百分率で表した濃度を何というか。

（　　　　　　）

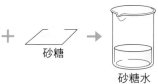

水　＋　砂糖　→　砂糖水

□(3) 計算 砂糖水A，砂糖水Bの(2)はそれぞれ何％か。

砂糖水A（　　　　　）
砂糖水B（　　　　　）

□(4) 砂糖水Aと砂糖水Bを10gずつとり，水分を蒸発させたとき，とり出せる砂糖の質量が多いのはどちらか。

（　　　　　　）

ミスに注意 **1** (2) 溶解度(ようかいど)より多い溶質は，溶けずに残る。

ヒント **2** (4) 質量(しつりょう)パーセント濃度(のうど)の高い砂糖水ほど，同じ質量の水溶液中に溶けた砂糖が多い。

① 水100gに砂糖20gを入れて完全に溶かした。　42点

□(1) [作図] 砂糖が完全に溶けた後の水溶液のモデルを，右の図中にかきなさい。

□(2) [記述] 砂糖が溶ける前後で，全体の質量が変わらない理由を簡潔に書きなさい。

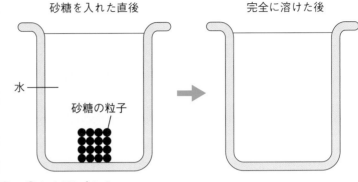

砂糖を入れた直後　　完全に溶けた後

水

砂糖の粒子

□(3) 砂糖が水に溶けた後，砂糖が見えなくなって，液が透明になるのはなぜか。次の⑦〜⑦から選びなさい。

　⑦　砂糖の粒子は，水に溶けると，その大きさが小さくなるから。

　⑦　砂糖の粒子は，水に溶けると，光を通すようになるから。

　⑦　砂糖の粒子は，その大きさが非常に小さいから。

□(4) [計算] できた砂糖水の質量パーセント濃度は何％か。答えは小数第1位を四捨五入して整数で書きなさい。

□(5) [計算] できた砂糖水を穏やかに加熱して水分を蒸発させ，濃度が40％の砂糖水をつくった。砂糖水の質量は何gになったか。

② 高温の水にミョウバンを溶けるだけ溶かし，その水溶液を冷やしたところ，ミョウバンの固体が出てきた。　32点

□(1) ろ紙やろうとなどを使い，出てきたミョウバンの固体と水溶液を分けた。[技]

　①　この操作の適切な方法はどれか。次の⑦〜⑦から選びなさい。

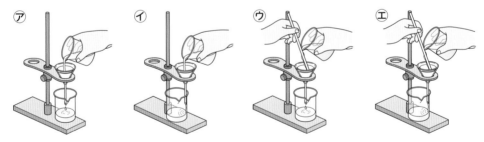

⑦　　　　　⑦　　　　　⑦　　　　　⑦

　②　このようにして，固体と液体を分ける操作を何というか。

□(2) 得られたミョウバンの固体は，いくつかの平面で囲まれた規則正しい形をしていた。このような規則正しい形の固体を何というか。

□(3) この実験のように，固体を水に溶かし，その水溶液を冷やしたり，水を蒸発させたりして，再び固体をとり出す方法を何というか。

❸ 固体の溶解度を調べるために,3種類の固体(硝酸カリウム, 塩化ナトリウム, 砂糖)を用意し, 次の実験①〜③を行った。ただし, 加熱による水の減少はないものとする。また, 図のグラフは, 3種類の固体の溶解度曲線を表している。　26点

① 3つのビーカーを用意し, それぞれに水100gを入れ, 水温を20℃に保った。

② 3種類の固体を50gずつ①のビーカーに入れて, よくかき混ぜた後, 水溶液の温度を20℃に保ちながら放置すると, 砂糖だけが全て溶け, 他の2つの固体は溶け残った。

③ ②で溶け残った2つの水溶液の温度を40℃まで上げ, よくかき混ぜた後, 40℃に保って放置すると, 硝酸カリウムだけが全て溶け, 塩化ナトリウムの固体は溶け残った。

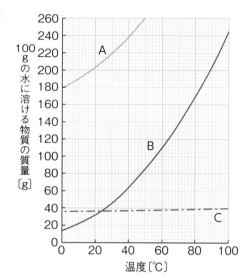

□(1) 硝酸カリウムの溶解度曲線は, 図のA〜Cのどれか。

□(2) この実験についての説明として, 誤りを含むものはどれか。次の⑦〜⑨から選びなさい。

　⑦ 砂糖は20℃で全て溶けた。このときの砂糖の水溶液は, 飽和水溶液である。

　⑦ 塩化ナトリウムの固体は60℃で一部溶け残った。このときの塩化ナトリウムの水溶液は飽和水溶液である。

　⑨ ②で, 固体が溶け残った2つの水溶液の濃度は, 異なっている。

□(3) 記述 図のCの物質は, 飽和水溶液を冷却する再結晶には適さない。その理由を簡潔に書きなさい。 思

❶	(1)	図に記入　　8点		
	(2)			10点
	(3)	8点	(4)	8点
	(5)	8点		
❷	(1)	① 8点	②	8点
	(2)	8点	(3)	8点
❸	(1)	8点	(2)	8点
	(3)			10点

定期テスト **予報** 溶解度曲線と再結晶を関連づけた問題が出やすいでしょう。溶解度曲線と再結晶の方法の選択(冷却か蒸発か)と, ろ過などの方法を押さえましょう。

( )と□□にあてはまる語句を答えよう。

1 光の進み方とものの見え方

教科書p.142～143 ▶▶❶

□(1) 自ら光を出しているものを①( )と
いう。

□(2) 光源から出た光は四方八方に広がりながら
②( )進む。このことを光の
③( )という。

□(3) ものを見ているときには，光源から出た光を
④( )見ている場合と，物体に当
たってはね返った光を見ている場合がある。

2 光の反射

教科書p.144～147 ▶▶❷❸

□(1) 光が物体に当たってはね返る現象を，光
の①( )という。

□(2) 光が反射するとき，反射する前の光を
②( )，反射した後の光を
③( )という。

□(3) 図の④，⑤

□(4) 光が鏡の面で反射するとき，入射角と反
射角が⑥( )なる。これを
⑦( )という。

□(5) 鏡に映った物体を⑧( )という。

□(6) 鏡に映る像は，鏡の面に対して物体と
⑨( )の位置で，反射光の道筋
を鏡の方向に⑩( )した直線上
に見える。

□(7) 図の⑪

□(8) 凸凹した面で，光の当たる場所によって
反射光がいろいろな方向へ進むことを
⑫( )という。

光の反射

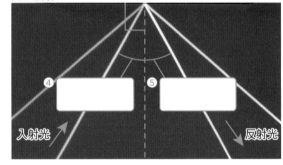

入射光　反射光

鏡に映る像の位置

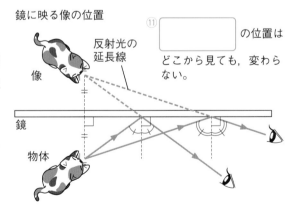

⑪□□の位置は
どこから見ても，変わら
ない。

反射光の
延長線

像

鏡

物体

要点
●光源から出た光は直進し，反射するとき入射角と反射角は等しくなる。
●鏡に映る像は，反射光の道筋を鏡の方向に延長した直線上に見える。

1 図は，まさるさんの家族がリビングで，それぞれ新聞紙やみかんなどを見ているようすである。　▶▶ 1

□(1) 照明器具のように，自ら光を出すものを何というか。（　　　　　）

□(2) 光は四方八方に広がりながらまっすぐ進む。このことを何というか。（　　　　　）

□(3) 図で，光源から出た光を直接見ているのはだれか。次の⑦〜⑦から選びなさい。（　　　　　）
　　⑦　みかんを見ているまさるさん
　　④　新聞紙を読んでいるお父さん　　⑦　タブレットを見ているお姉さん

□(4) 記述 (3)以外の人は，(1)から出た光が，どのようにして目に届くことによって，ものが見えているか。（　　　　　　　　　　　　）

2 図のように，光源装置からの光を鏡に当て，光の道筋を調べた。　▶▶ 2

□(1) 光が物体に当たってはね返る現象を何というか。（　　　　　）

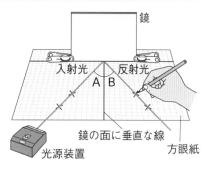

□(2) 図のA，Bの角を，それぞれ何というか。
　　　A（　　　　　）　B（　　　　　）

□(3) A，Bの角の間には，どのような関係があるか。次の⑦〜⑤から選びなさい。（　　　　　）
　　⑦　A＜B　　　④　A＝B
　　⑦　A＞B　　　⑤　A＋B＝90°

□(4) A，Bの角の間に(3)の関係が成り立つことを何というか。（　　　　　　　）

3 図は，鏡の前に置いた鉛筆を真上から見たようすである。　▶▶ 2

□(1) 鉛筆の像ができる位置を，図の⑦〜⑦から選びなさい。（　　　　　）

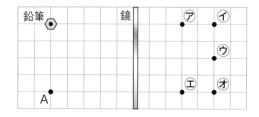

□(2) 鉛筆から出た光が，点Aに届くまでの道筋を図に矢印でかきなさい。

ヒント　**1** (3)自ら光っているものを見ているのはだれか。
ミスに注意　**3** (1)鏡に映る像は，鏡の面に対して物体と対称の位置に見える。

単元 3　身近な物理現象 — 教科書142〜147ページ

( )にあてはまる語句を答えよう。

1 光の屈折

教科書p.148〜150 ▶▶❶

□(1) 異なる物質の境界面で光が折れ曲がって進む現象を，光の①( )といい，このときの折れ曲がって進む光を②( )という。

□(2) 光が空気中からガラスや水に入る場合，入射角よりも屈折角が③( )。また，光がガラスや水から空気中に出る場合，入射角よりも屈折角が④( )。

□(3) 光がガラスや水から空気中に出る場合，入射角を大きくしていくと，屈折光はしだいに⑤( )に近づいていき，屈折角が90°になると，光は空気中へ出ていくことがなくなり，境界面で全て反射する。この現象を⑥( )という。

光の屈折

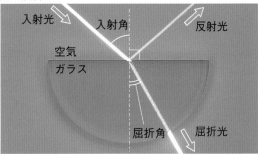

入射光　入射角　反射光
空気
ガラス
屈折角　屈折光

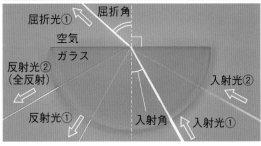

屈折光①　屈折角
空気
ガラス
反射光②（全反射）
入射光②
反射光①　入射角　入射光①

2 光の屈折と物体の見え方

教科書p.151 ▶▶❷

□(1) 光が屈折したとき，光は屈折光の①( )から直進してくるように見える。そのため，水中の物体やガラスの向こう側にある物体は，実際の位置からずれて見える。

水を入れると見えるコイン

図1

コインが見える位置

□(2) 図2で，直方体のガラスに入射した光が，ガラスから出て空気中へ進むとき，入射する光（A→B）と出ていく光（C→D）の関係は②( )になる。

ずれて見える鉛筆

図2　鉛筆
見かけ上の位置
A
B
ガラス
C
D

要点 ●異なる物質の境界面で，光が折れ曲がって進む現象を屈折という。

1章　光の性質⑵

1 図のように，半円形レンズの中央の点〇に向かってＡから光を当てると，光が折れ曲がってＢに向かって進み，一部ははね返ってＣに向かって進んだ。　▶▶ **1**

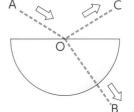

□(1)　ＡからＢに向かう光のように，光が物質の境界面で折れ曲がって進む現象を何というか。　（　　　　　　）

□(2)　Ｂから〇に向かって光を当てると，どのように進むか。次の⑦〜⑨から選びなさい。　（　　　　　　）

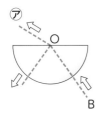 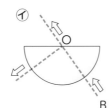 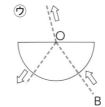

□(3)　〇に向かってＡ，Ｂのそれぞれから光を当てたときの，入射角と屈折角の大きさの関係を正しく組み合わせたものはどれか。次の⑦〜⑨から選びなさい。　（　　　　　　）

　⑦　Ａ：入射角＞屈折角　　Ｂ：入射角＞屈折角

　⑦　Ａ：入射角＞屈折角　　Ｂ：入射角＜屈折角

　⑨　Ａ：入射角＜屈折角　　Ｂ：入射角＜屈折角

　⑨　Ａ：入射角＜屈折角　　Ｂ：入射角＞屈折角

□(4)　Ｂから〇に向かって光を当てるとき，Ｂの位置を半円形レンズの水平面に近づけていくと，光は空気中に出ていかずに，全てはね返った。この現象を何というか。　（　　　　　　）

2 図のように，カップに10円玉を置いて水を入れると，10円玉が浮かんで見えた。　▶▶ **2**

□(1)　次の文は，この現象が起こる理由を説明したものである。①，②にあてはまる語句を，あとの⑦〜⑨から選びなさい。

①（　　　　）②（　　　　）

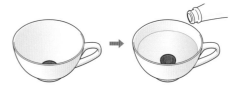

　10円玉から出た光は，水と空気の境界面で（　①　）して目に届く。このとき，10円玉から出た光は，屈折光の延長線上から（　②　）してくるように見えるため。

　⑦　直進　　　⑦　反射　　　⑨　屈折

□(2)　図の現象が起きたときの光の道筋として適切なものを，次の⑦〜⑨から選びなさい。　（　　　　　　）

ミスに注意　**1** (3) 空気中の角度の方が常に大きくなる。

ヒント　**2** 10円玉から出た光は，水と空気の境界面で一度屈折する。

1章　光の性質(3)

（　）と□にあてはまる語句を答えよう。

1 凸レンズ

教科書p.153～154

□(1) ルーペや虫眼鏡に使われている，中央が厚く膨らんだレンズを
①（　　　　　　　　）という。

虫眼鏡

□(2) 凸レンズを使うと，近くの物体が②（　　　　　　）見えたり，遠くの
物体が③（　　　　　　），上下左右が逆に見えたりする。

□(3) 凸レンズを通して見た物体やスクリーンに映った物体を，鏡に映った物体と同じように
④（　　　　　　）という。

2 凸レンズのしくみ

教科書p.154

□(1) 凸レンズの中心を通り，凸レンズの表面に垂直な線
を①（　　　　　　）という。

□(2) 光軸に平行な光は，凸レンズを通って1点に集まる。
この点を②（　　　　　　）といい，凸レンズの中心か
ら焦点までの距離を③（　　　　　　）という。

□(3) 凸レンズは，膨らみ方が大きいほど，焦点距離が
④（　　　　　　）。

□(4) 焦点は凸レンズの⑤（　　　　　　）にあり，その焦点
距離は⑥（　　　　　　）である。

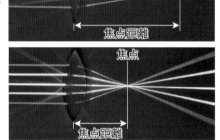

焦点
焦点距離

焦点
焦点距離

□(5) 図の⑦～⑨

凸レンズを通った光の道筋

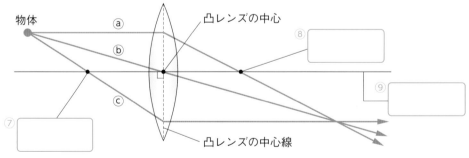

物体　ⓐ　凸レンズの中心
ⓑ
⑧
ⓒ
⑨
⑦
凸レンズの中心線

ⓐ光軸に平行な光は，凸レンズを通ってから⑩（　　　　　　　）を通る。

ⓑ凸レンズの中心を通る光は，向きを変えることなく⑪（　　　　　　　）する。

ⓒ焦点を通った光は，凸レンズを通ってから，光軸に⑫（　　　　　　）に進む。

> **要点**
> ●凸レンズの光軸に平行に入射した光は，凸レンズで屈折して焦点に集まる。
> ●焦点は凸レンズの両側にあり，凸レンズの膨らみ方が大きいほど焦点距離は短い。

1 花のつくりを観察するために, 図のようにルーペを目に近づけて固定し, 手に取った花をだんだんルーペに近づけていった。 ▶▶ **1**

- □(1) ルーペに使われている, 中央が膨らんだレンズを何というか。
(　　　　　)

- □(2) (1)のレンズを通して見た物体を何というか。 (　　　　　)

- □(3) 記述 ルーペに近づけたときに見える花は, 実物と比べてどのように見えるか。簡潔に書きなさい。
(　　　　　　　　　　　)

2 図は, 光軸に平行な光を凸レンズに当てたようすを表している。 ▶▶ **2**

- □(1) 凸レンズを出た光が1点に集まる点を何というか。
(　　　　　)

- □(2) 凸レンズの中心のOからFまでの長さXを何というか。 (　　　　　)

- □(3) 中央の膨らみが厚い凸レンズに変えて, 図と同じように光を当てると, (2)の長さはどうなるか。次の⑦〜⑦から選びなさい。 (　　　　　)
  ⑦　長くなる。　　⑦　短くなる。　　⑦　変わらない。

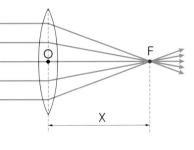

3 図は, ろうそくの先端から出た, 光軸に平行な光A, 凸レンズの中心に向かう光B, 焦点を通る光Cが凸レンズに入るようすである。 ▶▶ **2**

- □(1) 凸レンズを通った後, 光A〜Cはどのように進むか。それぞれ次の⑦〜⑦から選びなさい。
  A(　　)　B(　　)
  C(　　)

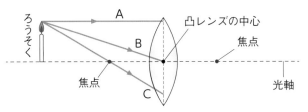

  ⑦　凸レンズで曲げられることなく, そのまま直進する。
  ⑦　凸レンズで曲げられて, 光軸と平行に進む。
  ⑦　凸レンズで曲げられて, 反対側の焦点を通る。

- □(2) 光A〜Cは, 凸レンズを通った後どうなるか。次の⑦〜⑦から選びなさい。 (　　　　　)
  ⑦　全ての光が1点で交わる。　　　　⑦　2本ずつの光がそれぞれ3点で交わる。
  ⑦　光はどれも交わることがない。

ヒント　**1** (2) 鏡に映った物体と同じ名称(めいしょう)である。

単元 3　身近な物理現象—教科書153〜154ページ

（　　）と □ にあてはまる語句を答えよう。

1 凸レンズによる像

教科書p.155〜158

□(1)　光が実際に集まってできる像を①（　　　　　）という。実像は，物体が焦点より

②（　　　　　）にあるときにでき，もとの物体と上下左右が③（　　　　　）向きになる。

□(2)　鏡に映る像や凸レンズなどを通して見える像を④（　　　　　）という。虚像は，物体が焦

点より⑤（　　　　　）にあるときにでき，もとの物体と上下左右が⑥（　　　　　）向きで，

物体よりも大きい。

□(3)　図の⑦〜⑮

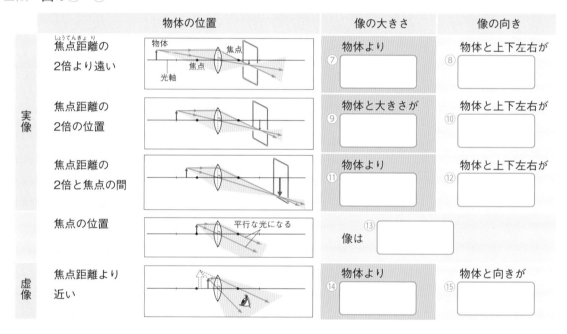

	物体の位置	像の大きさ	像の向き
実像	焦点距離の2倍より遠い	物体より ⑦	物体と上下左右が ⑧
	焦点距離の2倍の位置	物体と大きさが ⑨	物体と上下左右が ⑩
	焦点距離の2倍と焦点の間	物体より ⑪	物体と上下左右が ⑫
	焦点の位置	像は ⑬	
虚像	焦点距離より近い	物体より ⑭	物体と向きが ⑮

2 光と色

教科書p.160〜161

□(1)　太陽などの，色合いを感じない光を

①（　　　　　）という。

□(2)　白色光や色のついた光のような，目に

見える光を②（　　　　　）という。

□(3)　リンゴは，白色光のうち，

③（　　　　　）光を強く反射している

ので，赤く見える。

プリズム（三角柱のガラス）で分けた太陽光

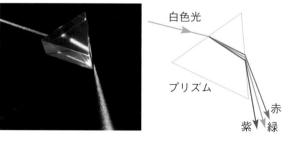

白色光

プリズム

赤
緑
紫

要点　●物体が凸レンズの焦点より遠いときに実像，焦点より近いときに虚像ができる。

1 図のように，物体をA，凸レンズをCの位置に置くと，Eに置いたスクリーンに物体の像がはっきりと映った。なお，A，B，C，D，Eの間隔はどこも10cmである。　▶▶ **1**

□(1) 物体の像がスクリーンに映ったのは，スクリーン上で光が集まっているためである。このような像を何というか。

（　　　　　　）

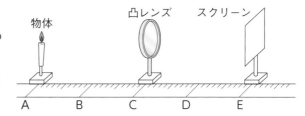

物体　凸レンズ　スクリーン

A　B　C　D　E

□(2) この凸レンズの焦点距離は何cmか。

（　　　　　　）

□(3) スクリーンに映った像の大きさを，実際の物体と比べるとどうなるか。次の⑦〜⑨から選びなさい。

（　　　　）

⑦　物体より小さい。　　　④　物体と変わらない。　　　⑨　物体より大きい。

□(4) スクリーンに映った像の向きを，実際の物体と比べるとどうなるか。次の⑦〜⑨から選びなさい。

（　　　　）

⑦　物体と上下だけが逆。　　　④　物体と左右だけが逆。　　　⑨　物体と上下左右が逆。

□(5) 凸レンズはCのままで物体をAからBに近づけ，スクリーンを動かして像をはっきり映した。スクリーンの位置と映った像の大きさはどうなったか。次の⑦〜⑨から選びなさい。

⑦　スクリーンは凸レンズから遠ざかり，映った像は大きくなる。　　　（　　　　）

④　スクリーンは凸レンズから遠ざかり，映った像は小さくなる。

⑨　スクリーンは凸レンズに近づき，映った像は大きくなる。

⑨　スクリーンは凸レンズに近づき，映った像は小さくなる。

□(6) 凸レンズはCのままで物体をBとCの間に置いたとき，スクリーンをどこに動かしても像は映らなかった。しかし，スクリーン側から凸レンズをのぞくと，物体と同じ向きで物体より大きい像を見ることができた。この像を何というか。

（　　　　　　）

2 図のように，プリズム（三角柱のガラス）に太陽光を入射させると，連続した色の帯が現れた。　▶▶ **2**

□(1) 太陽光などの色合いを感じない光を何というか。　（　　　　　　）

太陽光

プリズム

赤
緑
紫

□(2) 連続した色の帯のように，目に見える光を何というか。

（　　　　　　）

□(3) 次の文は，バナナの色について述べたものである。①，②にあてはまることばは何か。　①（　　　　）②（　　　　）

バナナは　①　色の光を強く　②　するので，黄色に見える。

□(4) 光をほとんど反射しない物体は，何色に見えるか。　（　　　　　　）

ヒント　**1** (2)焦点距離の2倍の位置にある物体の像は，凸レンズに対して対称（たいしょう）の位置にできる。

① 図1のように，2枚の鏡Aと鏡Bが直角になるように立て，鏡の前に火のついた
ろうそくを置いた。図2は図1のようすを真上から見たものである。　27点

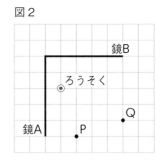

よく出る □(1) 作図 図2の点Pから見ると，鏡Aにろうそくが映っていた。このとき，ろうそくの像ができる位置を点Rとして，図2にかき入れなさい。

□(2) 作図 ろうそくから出た光が，鏡Aに反射して，点Pに届くまでの光の道筋を，図2に矢印でかき入れなさい。

□(3) 図2の点Qから見たとき，鏡Aと鏡Bに映って見えるろうそくは，全部で何個か。思

② 厚いガラス板を通して斜めから鉛筆を見たところ，図1のように，鉛筆の像が見えた。　18点

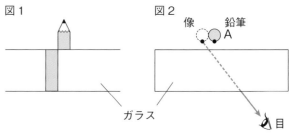

□(1) 像がずれて見えたことと最も関係の深い光の性質はどれか。次の⑦〜⑦から選びなさい。
　　⑦　光の直進
　　⑦　光の屈折
　　⑦　光の反射

 □(2) 作図 図2は，図1のようすを真上から見たところである。鉛筆の点Aから出た光が目に届くまでの光の道筋を，図2に矢印でかきなさい。

③ 光学台，物体（ろうそく），凸レンズ，スクリーンを用意した。これらを使って図のような装置をつくり，物体の位置を変えて，スクリーンの位置や映る像との関係を調べた。　37点

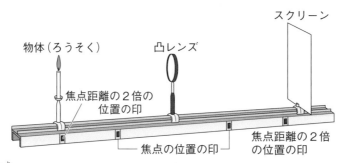

スクリーン

物体（ろうそく）　凸レンズ

焦点距離の2倍の位置の印

焦点の位置の印

焦点距離の2倍の位置の印

□(1) 記述 焦点距離の2倍の位置に物体を置いて，スクリーンに像をはっきり映した。この像の凸レンズの側から見た向きと大きさは，物体と比べてどうなっているか。

成績評価の観点　技…観察・実験の技能　思…科学的な思考・判断・表現

□(2) 焦点距離の2倍の位置にあった物体を凸レンズから遠ざけ，スクリーンを像がはっきり映る位置に動かした。

① スクリーンは，凸レンズに近くなったか，遠くなったか。

② 像の大きさは，物体を動かす前と比べてどうなったか。

□(3) 焦点距離の2倍の位置にあった物体を，焦点の位置に置いた。このときの像はどうなったか。次の⑦～⑦から選びなさい。

⑦ スクリーンに，実際の物体よりも大きな像が映った。

⑦ スクリーンに，実際の物体よりも小さな像が映った。

⑦ 凸レンズを通して，実際の物体よりも大きな像が見えた。

⑦ 凸レンズを通して，実際の物体よりも小さな像が見えた。

⑦ 像はできなかった。

④ 作図 **次のように凸レンズと物体が置かれているとき，できる像を作図しなさい。** よく出る

18点

□(1)

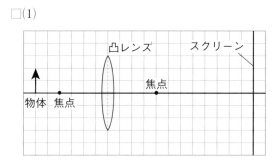

□(2)

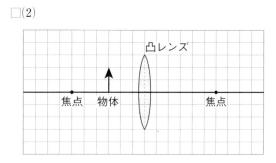

❶	(1)	図2に記入 9点	(2)	図2に記入 9点
	(3)	9点		
❷	(1)	9点	(2)	図2に記入 9点
❸	(1)	10点		
	(2) ①	9点	②	9点
	(3)	9点		
❹	(1)	図に記入 9点	(2)	図に記入 9点

定期テスト予報 凸レンズによってできる像の位置や大きさに関する問題が出やすいでしょう。凸レンズを通る光の進み方の決まりを理解し，像を作図できるようにしましょう。

( ) と □ にあてはまる語句や数を答えよう。

1 音の伝わり方　教科書p.162〜164　▶▶①

□(1) 音を発している物体を①( ) という。音は②( ) している音源から発生する。

□(2) 音は，空気などの気体の中だけでなく，水などの③( ) ，金属などの④( ) の中も伝わる。空気を⑤( ) 容器の中では，音は伝わらない。

□(3) 図の⑥ 音さAの音が伝わって，音さBが鳴る。

間に板があると，音さBの鳴り方が⑥ [　　　] なる。

 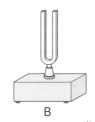 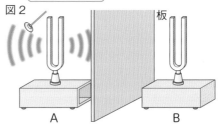

図1　音さ　A　B　図2　音さ　A　板　B

□(4) 音源が振動すると，まわりの空気が押し縮められて⑦( ) なったり，引かれて⑧( ) なったりすることで⑨( ) となって音が伝わる。

音が聞こえるしくみ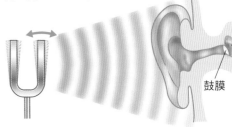

鼓膜

□(5) 音の波が空気中を伝わって耳の中の⑩( ) を振動させると，音を認識できる。

2 音の伝わる速さ　教科書p.165　▶▶②

□(1) 音が空気中を伝わる速さは，約①( ) m/sで，音が伝わるにはある程度の時間がかかる。

□(2) m/sは，1秒間に移動する②( ) を表し，③( ) と読む。

□(3) 音の伝わる速さは，伝わる④( ) によって変わる。一般に，空気よりも液体や固体の中の方が，音が⑤( ) 伝わる。

□(4) 雷の稲光や打ち上げ花火の光は，光るのとほぼ同時に目に届くが，音が伝わる速さは，光の速さよりはるかに⑥( ) ため，音が遅れて聞こえる。

要点　●音源の振動は，気体や液体，固体の中を波となって伝わる。

1 同じ高さの音が出る音さA・Bを用いて，音の伝わり方を調べた。　▶▶ **1**

□(1)　図1のように音さAをたたいて鳴らすと，音さBはたたいていないのに鳴り出した。

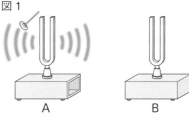

図1

① 音さAのように音を発する物体を何というか。
（　　　　　　　）

② 音を発しているときの音さはどうなっているか。
（　　　　　　　）

③ 音さAから音さBに音を伝えたものは何か。
（　　　　　　　）

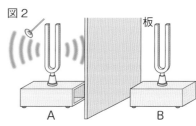

図2　　　　板

□(2)　図2のように，音さAと音さBの間に大きな板を入れて音さAをたたいた。図1のときと比べて，音さBの音はどうなるか。次の⑦〜⑦から選びなさい。
（　　　　　　　）

⑦　小さくなる。　　　④　変わらない。　　　⑦　大きくなる。

□(3)　音が伝わるものはどれか。次の⑦〜⑦から全て選びなさい。（　　　　　　　）

⑦　固体　　　④　液体　　　⑦　気体

2 打ち上げ花火の光が見えてから，花火の音が聞こえるまでの時間をはかると3秒だった。音の伝わる速さを340 m/sとして，次の問題に答えなさい。　▶▶ **2**

□(1)　花火の光が見えてから，花火の音が聞こえるまでに時間がかかるのはなぜか。その理由を次の⑦〜①から選びなさい。
（　　　　　　　）

⑦　音が耳に届いてから，「聞こえた」と感じるまでに長い時間がかかるから。

④　光が目に届いてから，「見えた」と感じるまでに長い時間がかかるから。

⑦　音の伝わる速さが，光の伝わる速さよりもはるかに遅いから。

①　音の伝わる速さが，光の伝わる速さよりもはるかに速いから。

□(2)　計算 花火から，花火を見ている場所までの距離は約何mか。（　　　　　　　）

□(3)　計算 花火から510 m離れた地点では，花火の光が見えてから，花火の音が聞こえるまでにかかる時間は約何秒か。（　　　　　　　）

ヒント ● (3)振動（しんどう）するものがあれば，音は伝わる。

ミスに注意 ● (2)距離〔m〕＝速さ〔m/s〕×時間〔s〕

（　　）と｜　　｜にあてはまる語句を答えよう。

1 音の大きさ・音の高さ

教科書p.166〜169　▶▶ ❶ ❷

□(1)　音源などの振動の振れ幅を①（　　　　　　）という。

□(2)　図の②，③

②｜　　　　　　｜音（振幅が大きい）

③｜　　　　　　｜音（振幅が小さい）

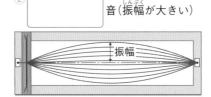
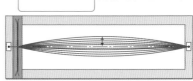

□(3)　1秒間に音源などが振動する回数を④（　　　　　　）という。

□(4)　図の⑤，⑥

⑤｜　　　　　　｜音（振動数が大きい）

⑥｜　　　　　　｜音（振動数が小さい）

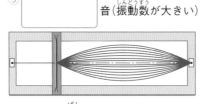
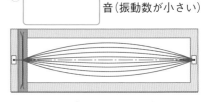

□(5)　振動数を大きくするには，弦の長さを⑦（　　　　　）したり，弦を⑧（　　　　　　）張ったり，弦の太さを⑨（　　　　　）したりする。

2 音の波形

教科書p.169　▶▶ ❷

□(1)　図の①〜⑥

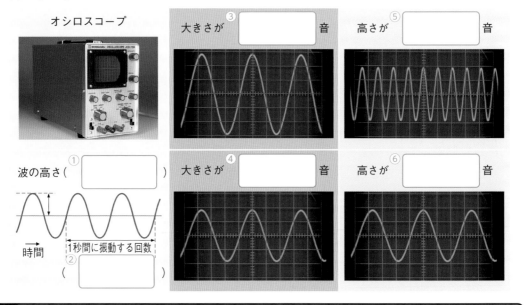

オシロスコープ

大きさが③｜　　　　　｜音

高さが⑤｜　　　　　｜音

波の高さ（①｜　　　　　｜）

時間　1秒間に振動する回数（②｜　　　　　｜）

大きさが④｜　　　　　｜音

高さが⑥｜　　　　　｜音

要点　●音源の振幅が大きいほど音は大きく，振動数が大きいほど音は高くなる。

1 ①～③のようにして，図のような装置をつくった。　▶▶ ①

① 弦A～Dは材質が同じで，Dだけは太いものを使った。

② A～Dの端をくぎで固定し，AとDには100 gのおもり1個，BとCには100 gのおもりを2個つり下げた。

③ A・B・Dの振動する部分の長さはどれも同じで，Cには木片を入れて，振動する部分の長さを短くした。

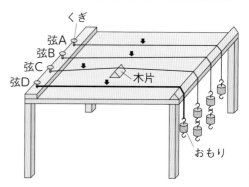

□(1) 記述 大きな音を出すためには，弦をどのようにはじけばよいか。簡潔に書きなさい。

（　　　　　　　　　）

□(2) つり下げるおもりの数を増やすと，弦を張る強さは強くなるか，弱くなるか。

（　　　　　　　　　）

□(3) 最も高い音が出た弦は，A～Dのどれか。　（　　　）

□(4) 最も振動数が小さい音が出た弦は，A～Dのどれか。　（　　　）

□(5) 音の高さと弦の長さの関係を調べるには，A～Dのどれとどれを比べればよいか。

（　　　　　　　　　）

□(6) 音の高さと弦の太さの関係を調べるには，A～Dのどれとどれを比べればよいか。

（　　　　　　　　　）

2 図のA～Dは，音さをたたいたときに出た音を，コンピュータを使って波形として表したもので，横軸は時間，縦軸は振動の振れ幅を表している。　▶▶ ① ②

A
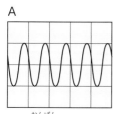

B
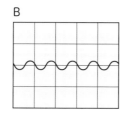

C
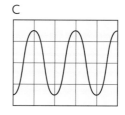

D
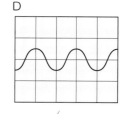

□(1) 音源などの振動の振れ幅を何というか。　（　　　）

□(2) 最も大きい音の波形を，A～Dから選びなさい。　（　　　）

□(3) Aと同じ高さの音の波形を，B～Dから選びなさい。　（　　　）

□(4) 記述 (3)のように答えた理由を，「振動数」という語を使って簡潔に書きなさい。

（　　　　　　　　　）

ミスに注意 **1** (5) 弦の長さ以外が同じになっているものを比べる。

ヒント **2** (2) 振動の幅が大きいほど，発する音が大きい。

① 図の装置を使って，容器内の空気を抜いていったときのブザーの音の聞こえ方を調べた。
　　　　　　　　　　　　　　　　　　　　　　　　　　　　　　　　　　　　　32点

プロペラで風を送る。
テープ
ブザー

☐(1) 記述 装置の中で，プロペラでテープに風を送っているのはなぜか。
　　技

☐(2) 空気を抜いていくと，ブザーの音は，しだいにどうなっていくか。

☐(3) 空気を抜いた後，再び装置内に空気を入れると，ブザーの音はどうなるか。

☐(4) 記述 この実験から，音の伝わり方についてどのようなことがいえるか。簡潔に書きなさい。思

② 点Pで，AさんとBさんが同時にストップウォッチをスタートさせ，Bさんは670m離れた点Qへ移動した。次に，点PにいるAさんは競技用ピストルを鳴らすと同時にストップウォッチを止め，点QにいるBさんはピストルの音が聞こえると同時にストップウォッチを止めた。その結果，AさんとBさんのストップウォッチは，それぞれ7分15秒，7分17秒を示した。
　　　　　　　　　　　　　　　　　　　　　　　　　　　　　　　　　　　　20点

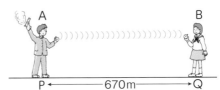

A　B
P

A　B
P ──────670m────── Q

☐(1) Aさん，Bさんがストップウォッチをスタートさせてから，Aさんがピストルを鳴らすまでの時間は，何分何秒か。

☐(2) 計算 このとき，音が空気中を伝わる速さは何m/sか。

③ ギターは弦の振動を利用した楽器である。
　　　　　　　　　　　　　　　　　　　　　　　　　30点

☐(1) 弦のはじき方を変えると，大きな音を出すことができる。
　　① 大きな音を出すには，弦をどのようにはじけばよいか。
　　② 大きな音が出ているときほど，弦の振動はどのようになっているか。

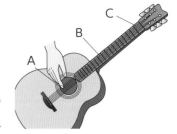

C
B
A

☐(2) 弦の長さを変えると，音の高さを変えることができる。図のAをはじくときの音の高さについて正しく述べたものはどれか。次の⑦～⊆から選びなさい。
　　⑦ BをおさえてAをはじくと，Cをおさえたときよりも振動数が大きくなり，高い音が出る。
　　⑦ BをおさえてAをはじくと，Cをおさえたときよりも振動数が大きくなり，低い音が出る。
　　⑦ CをおさえてAをはじくと，Bをおさえたときよりも振動数が大きくなり，高い音が出る。
　　⊆ CをおさえてAをはじくと，Bをおさえたときよりも振動数が大きくなり，低い音が出る。

□(3) ギターの弦には，同じナイロンでできているものがあった。高い音が出るナイロン弦の太さは，低い音が出るナイロン弦に比べてどうなっていたか。次の⑦～⑦から選びなさい。

⑦ 細かった。　　　⑦ 変わらなかった。　　　⑦ 太かった。

□(4) ギターを演奏するときは，弦の張り方を変えて音の高さを調節する。高い音が出るようにするためには，弦の張り方をどうすればよいか。

❹ 図は，音さから出た音をマイクロホンでパソコンに入力し，その振動のようすを表した波形である。また，横軸は時間，縦軸は振動の幅を表している。 18点

□(1) 図の音の振幅はどれだけか。次の⑦～⑦から選びなさい。

⑦ a　　　⑦ $2a$

⑦ $3a$　　⑦ $4a$

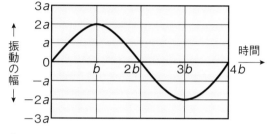

□(2) 図の音が1回振動するのにかかる時間はどれだけか。次の⑦～⑦から選びなさい。

⑦ b　　⑦ $2b$　　⑦ $3b$　　⑦ $4b$

□(3) 音の出ている音さをそのままにしておくと，音の波形はどのように変わるか。次の⑦～⑦から選びなさい。

⑦ 1回振動するのにかかる時間がだんだん小さくなる。

⑦ 1回振動するのにかかる時間がだんだん大きくなる。

⑦ 振動の幅がだんだん小さくなる。

⑦ 振動の幅がだんだん大きくなる。

定期テスト
予報 音の大きさ・高さと，音の波の振幅・振動数についての問題が出やすいでしょう。振幅・振動数について理解し，実験方法と関連づけて整理しておきましょう。

( ) と ▢ にあてはまる語句を答えよう。

1 力のはたらきと種類

教科書p.172〜175　▶▶ ① ②

□(1)　力のはたらき
- 物体の①( )を変える。
- 物体の②( )を変える。
- 物体を持ち上げたり，③( )たりする。

□(2)　いろいろな力
- ④( )…変形した物体がもとに戻ろうとする性質を⑤( )といい，その性質によって生じる力。
- ⑥( )…ふれ合った物体がこすれるときに動きを妨げる力。
- ⑦( )…磁石の極の間ではたらき合う力。
- ⑧( )…電気がたまった物体に生じる力。
- ⑨( )…地球上の全ての物体にはたらく，地球の中心に向かって引かれる力。

ゴムの弾性力

磁力によって浮く磁石

2 力の表し方

教科書p.176〜178　▶▶ ③

□(1)　力を表すには，力がはたらく①( )，力の向き，力の②( )の，3つの要素を考える必要がある。

□(2)　力の大きさは③( )（記号N）という単位で表される。1Nの力は，約100gの物体にはたらく④( )の大きさに等しい。

□(3)　図の⑤，⑥

力を表す矢印

力の大きさ

作用点　　力の向き

面で物体を押す力の表し方

物体

⑤作用点を ▢ の中心にして，1本の矢印で表す。

重力の表し方

物体

⑥作用点を ▢ の中心にして，1本の矢印で表す。

要点	●力は，物体の形や動きを変えたり，物体を持ち上げたり支えたりする。 ●力の3つの要素の作用点，力の向き，力の大きさは，矢印で表すことができる。

1 物体に力が加わっているときの現象は3つにまとめられる。次の(1)～(4)で，AからBに力が加えられたときの現象は，それぞれあとの㋐～㋒のどれか。　▶▶ **1**

(1)　　　　　　(2)　　バーベル　　(3)　　風船　　(4)

□(1)　サッカー選手Aが，サッカーボールBをゴールに向けてけった。　　（　　　　）

□(2)　男の子Aが，バーベルBを持ち上げた姿勢で止まっていた。　　（　　　　）

□(3)　女の子Aが風船Bを押しつぶした。　　（　　　　）

□(4)　机Aの上に置かれた本Bが静止している。　　（　　　　）

　　㋐　物体の形が変わる。　　　㋑　物体の運動のようす（速さや向き）が変わる。
　　㋒　物体が支えられている。

2 物体にはたらく力には，いろいろなものがある。　▶▶ **1**

□(1)　ゴムやばねを伸ばしたときに，もとに戻ろうとする力を何というか。　　（　　　　）

□(2)　図のように，机の上に置かれた本を指で押したが，本は動かなかった。これは，本と机がふれ合っている面で何という力がはたらいたからか。　　（　　　　）

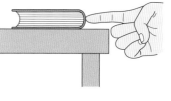

□(3)　地球上の全ての物体にはたらく，地球の中心に向かって引かれる力を何というか。
　　　　　　　　　　　　　　　　　　　　　　　　（　　　　）

3 水平面上に置かれた物体を40Nの力で押した。図の矢印は，このときに物体を押す力を表したものである。　▶▶ **2**

□(1)　図の力がはたらく点Aを何というか。
　　　　　　　　（　　　　）

□(2)　力がはたらく点は，力の3つの要素の1つである。他の2つの要素を書きなさい。
　　　　（　　　　）（　　　　）

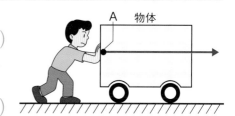

A　物体

□(3)　計算 10Nの力の大きさを1cmの長さで表すものとすると，図の矢印の長さを何cmにすればよいか。
　　　　　　　　　　　　　　　　　　　　（　　　　）

ミスに注意 **1** 力を加えられた物体の何が変化しているかを考える。

ヒント **3** (3)10N：40N＝1cm：x

( )と□にあてはまる語句や数を答えよう。

1 力の大きさとばねの伸び

教科書p.179～182 ▶▶❶

□(1)　ばねの伸びは，加えた力の大きさに①(　　　　　　)する。

□(2)　弾性のある物体の変形の大きさが，加えた力の大きさに比例することを②(　　　　　　)の法則という。

□(3)　図の③～⑤

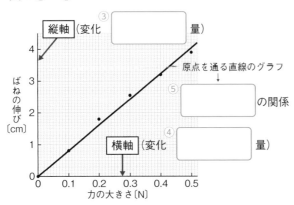

縦軸(変化③[　　　　]量)

原点を通る直線のグラフ

⑤[　　　　]の関係

横軸(変化④[　　　　]量)

ばねの伸び〔cm〕

力の大きさ〔N〕

ばねに加える力の大きさとばねの伸び

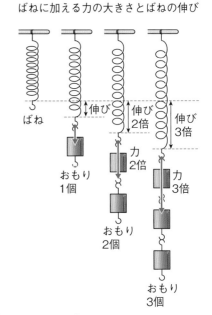

ばね

おもり1個　伸び

伸び2倍　力2倍　おもり2個

伸び3倍　力3倍　おもり3個

□(4)　グラフをかくときは，全ての測定値がかけるように⑥(　　　　　　)の大きさを決め，測定値の印の並びから，⑦(　　　　　　)か，滑らかな曲線かを判断する。

2 重力と質量

教科書p.183 ▶▶❷

□(1)　場所によって変わらない，物体そのものの量を①(　　　　　　)という。単位は②(　　　　　　)(記号 g)や③(　　　　　　)(記号 kg)が使われる。

□(2)　物体にはたらく重力の大きさは，場所によって変化④(　　　　　　)。月面上の重力の大きさは，地球上の約⑤(　　　　　　)である。

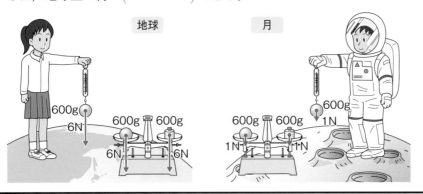

地球　月

600g　6N

600g　600g

6N　6N

600g　600g

1N　1N

600g　1N

要点 ●弾性のある物体の変化が，加えられた力に比例する関係をフックの法則という。

1 ばねXに質量20 gのおもりをつるしていき，おもりの数とばねの伸びの関係を調べた。ただし，質量100 gの物体にはたらく力の大きさを１Nとする。　▶▶ **1**

おもりの数〔個〕	0	1	2	3	4	5
ばねの伸び〔cm〕	0	0.9	2.0	3.1	4.0	5.0

□(1) 計算 おもりが５個のとき，ばねを引く力の大きさは何Nか。　（　　　　　）

□(2) ばねの伸びなどを測定する場合，ある程度の不正確さが含まれる。このときの真の値と測定値の差を何というか。　（　　　　　）

□(3) 表をもとに，力の大きさとばねの伸びとの関係を表すグラフをかくとどうなるか。次の⑦〜⑨から選びなさい。　（　　　　　）

⑦ 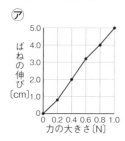　　⑦ 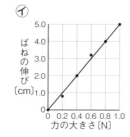　　⑨ 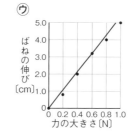　　⑨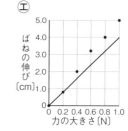

□(4) ばねの伸びとばねに加えた力の大きさには，どのような関係があるか。
（　　　　　　　　　　　　　　　　　　）

□(5) ばねの伸びとばねに加えた力の大きさの間に(4)の関係があることを，何の法則というか。
（　　　　　　）

□(6) 計算 ばねの伸びを８cmにするには，おもりを何個つるせばよいか。　（　　　　　）

2 図のように，ばねばかりにおもりXをつるした。質量100 gの物体にはたらく力の大きさを１Nとして，次の問題に答えなさい。　▶▶ **2**

□(1) ばねばかりの目盛りは６Nを示した。おもりXの質量は何gか。
（　　　　　）

□(2) 月面上で，このばねばかりに同じおもりXをつり下げた。このとき，ばねばかりは何Nを示すか。ただし，月面上の重力は地球上の重力の６分の１とする。　（　　　　　）

□(3) 月面上で，おもりXの質量を上皿てんびんで調べた。このとき，おもりXとつり合った分銅は全部で何gか。　（　　　　　）

ヒント **1** (6)おもりの数が２倍になると，ばねの伸びも２倍になる。

ミスに注意 **2** (3)物体そのものの量である質量は，どこへ持って行っても変わらない。

79

（　　）と◻にあてはまる語句を答えよう。

1 力のつり合い

教科書p.184 ▶▶**1**

◻(1)　1つの物体に2つ以上の力が加わっていても物体が動かないとき，これらの力は
①（　　　　　　　　　　　）という。

◻(2)　図の②〜④

つり合っている2つの力の関係

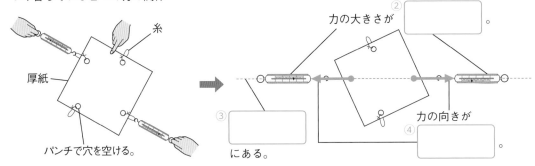

力の大きさが
②（　　　　　　）。

③（　　　　　　　　）
にある。

力の向きが
④（　　　　　　）。

2 いろいろな力のつり合い

教科書p.185 ▶▶**2**

◻(1)　ひもにつるした物体や机の上の物体が動かないのは，①（　　　　　）とつり合う力が物体
に加わっているからである。

◻(2)　机の上の物体のように，面に接している物体には，その物体の面に②（　　　　　）な力が
加わる。このような力を③（　　　　　）という。

◻(3)　机の上の物体にはたらく重力は，④（　　　　　）とつり合っている。

◻(4)　机の上にある物体を引いても物体が動かないとき，物体を引く力は物体に加わる
⑤（　　　　　）とつり合っている。

◻(5)　図の⑥〜⑧

いろいろな力のつり合い

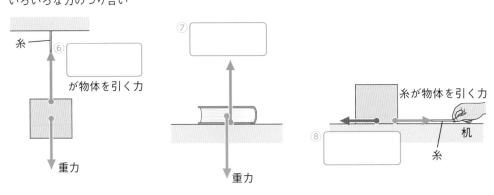

糸
⑥（　　　　　）
が物体を引く力

重力

⑦（　　　　　）

重力

糸が物体を引く力
机
⑧（　　　　　）
糸

要点　●つり合っている2つの力は，大きさが等しく，一直線上にあり，向きが反対である。

1 図の⑦〜⊈は，物体に2つの力がはたらいているようすを表したものである。 ▶▶ **1**

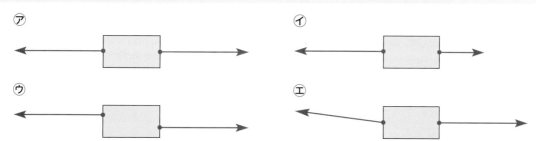

⑦　　　　　　　　　　　　　⊘

⑦　　　　　　　　　　　　　⊈

□(1)　2つの力がつり合っているものを，⑦〜⊈から選びなさい。（　　　）

□(2)　2つの力の大きさが等しくないためにつり合っていないものを，⑦〜⊈から選びなさい。
（　　　）

□(3)　2つの力の向きが反対ではないためにつり合っていないものを，⑦〜⊈から選びなさい。
（　　　）

□(4)　2つの力が一直線上にないためにつり合っていないものを，⑦〜⊈から全て選びなさい。
（　　　）

2 図のA〜Cは，物体にはたらく2つの力がつり合っているようすである。 ▶▶ **2**

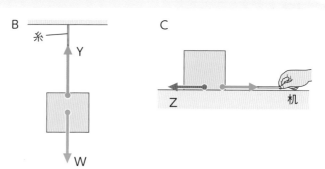

A　　　　　　　　B　　糸　　　　　　C

□(1)　地球が物体を引いている力Wを何というか。（　　　　　　）

□(2)　Aのように面に接している物体には，(1)の力とつり合い，その面に垂直な力Xが加わる。
力Xを何というか。（　　　　　　）

□(3)　記述 Bで，力Wとつり合っている力Yはどのような力か。簡潔に書きなさい。
（　　　　　　　　　）

□(4)　机の上にある物体を引いても動かないとき，物体に加わっている力Zを何というか。
（　　　　　　　　　）

ヒント　**2** (3) 何が何を引く力かを考える。

ミスに注意　**1** (3) 2つの力の角度が180°になっているときだけ，向きが反対という。

時間30分 ／100点　合格70点　解答 p.20

① 図のA〜Dは，物体に力がはたらいているようすである。次の(1)〜(3)の力のはたらきにあてはまるものを，A〜Dからそれぞれ全て選びなさい。　18点

A

ボールを打ち返す。

B
荷物を持つ。

C

ばねを伸ばす。

D

ブレーキで自転車を止める。

☐(1)　物体の形を変える。

☐(2)　物体の動きを変える。

☐(3)　物体を持ち上げたり，支えたりする。

② 【作図】次の(1)〜(3)の力を表す矢印を，それぞれ図中にかきこみなさい。ただし，10Nの力を長さ0.5cmの矢印で表すものとする。　30点

よく出る

☐(1)　台車を押す50Nの力。

☐(2)　地面の上で静止しているボールにはたらく10Nの重力。

☐(3)　手で荷物を持つ30Nの力。

(1)

(2)
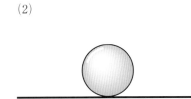

(3)
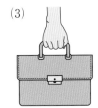

③ ばねにいろいろな重さのおもりをつるし，それぞれのおもりをつるしたときのばねの長さを調べた。表は，その結果をまとめたものである。　28点

力の大きさ〔N〕	0	0.2	0.4	0.6	0.8
ばねの長さ〔cm〕	15.0	15.9	17.0	18.1	19.0

☐(1)　おもりをつるしていないときのばねの長さは何cmか。

点UP

☐(2)　【作図】力の大きさとばねの伸びとの関係を，右のグラフにかきなさい。

☐(3)　ばねに加える力の大きさとばねの伸びの間には，どのような関係があるか。

☐(4)　ばねに加える力の大きさとばねの伸びの間にある(3)の関係を，何の法則というか。

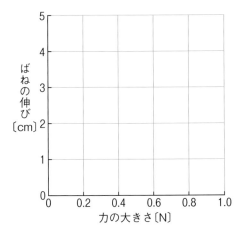

❹ 2つの力のつり合いについて，次の問いに答えなさい。

24点

□(1) 図は，机の上に置かれた本にはたらく重力と，重力とつ
り合っている力を矢印で表したものである。

① 本にはたらく重力とつり合っている力を何というか。

② 本にはたらく重力の大きさが5Nとすると，①の力
の大きさは何Nか。

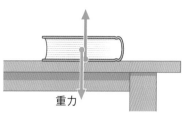

重力

□(2) 次の⑦～⊆は，1つの物体に2つの力が同時にはたらいているようすを示している。2つ
の力がつり合っているものを選びなさい。

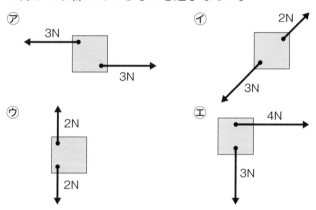

❶	(1)		6点	(2)		6点
	(3)		6点			
❷	(1)	図に記入	10点	(2)	図に記入	10点
	(3)	図に記入	10点			
❸	(1)		6点	(2)	図に記入	10点
	(3)		6点	(4)		6点
❹	(1) ①		8点	②		8点
	(2)		8点			

（　　）と□□□にあてはまる数や語句を答えよう。

1 火山の活動

教科書p.200〜202　▶▶①

□(1) 最近①（　　　　　　）年間に噴火したことがあるか，最近も水蒸気などの噴気活動が見られるものを②（　　　　　　　）とよぶ。

□(2) 火山は，地下にある岩石が③（　　　　　　）というどろどろにとけた物質になって上昇して地表にふき出し，周辺に積み重なってできる。

□(3) マグマが地表にふき出す現象を④（　　　　　　）という。

□(4) 噴火が起こるしくみ
　　1.⑤（　　　　　　）や二酸化炭素がとけこんでいる地下の⑥（　　　　　　）が上昇してくる。
　　2. 水や二酸化炭素が気泡として出始め，マグマの体積が⑦（　　　　　　）する。
　　3. さらに気泡が大きくなって，爆発的に膨張した結果，⑧（　　　　　　）が起こる。

□(5) 噴火のときにふき出された，マグマがもとになってできた物質を⑨（　　　　　　　　）という。また，そのうちマグマから出てきた気体を⑩（　　　　　　）という。

2 火山噴出物

教科書p.203〜204　▶▶②

□(1) 図の①〜③

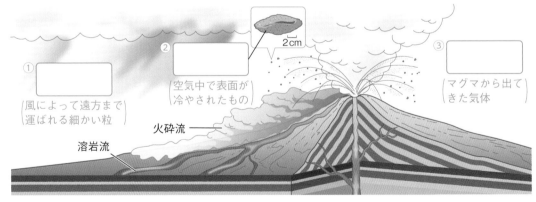

①（風によって遠方まで運ばれる細かい粒）
②（空気中で表面が冷やされたもの）2cm
③（マグマから出てきた気体）
火砕流
溶岩流

□(2) 地下のマグマが地上に流出したものを④（　　　　　　）という。

□(3) マグマが固化してできた軽石や溶岩の表面にはたくさんの⑤（　　　　　　）が見られる。

□(4) 火山灰や溶岩の色は，⑥（　　　　　　）の成分によって変化する。

要点
●岩石がとけたマグマが上昇して地表にふき出す現象を噴火という。
●噴火のときにふき出されたマグマからできた物質を火山噴出物という。

1 図は，火山の噴火のようすを模式的に表したものである。 ▶▶ **1**

□(1) 最近1万年間に噴火したことがあるか，最近も水蒸気など
の噴気活動が見られる火山を何というか。

（　　　　　　　　　）

□(2) 地下で岩石がどろどろにとけた物質Aを何というか。

（　　　　　　　　　）

□(3) 噴火が起こるとき，火山の中ではどのようなことが起きて
いるか。次の@〜©を正しい順に並べなさい。

（　　　→　　　→　　　）

@　マグマにとけこんでいた気体成分が気泡になる。
ⓑ　地下のマグマが上昇する。
©　1つ1つの気泡が爆発的に膨張する。

□(4) マグマがもとになってできた物質Bや，マグマから出てきた気体をまとめて何というか。

（　　　　　　　　　）

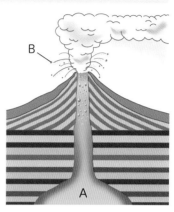

2 図は，噴火のときにふき出されたもののスケッチである。 ▶▶ **2**

□(1) スケッチされたものは白っぽく，中にもすき間がたくさんあるの
で軽かった。スケッチされたものは何か。次の⑦〜⑰から選びな
さい。　　　　　　　　　　　　　　　　　　（　　　　）
⑦　火山弾　　　⑦　軽石　　　⑰　火山れき

□(2) 図の表面に見られるたくさんの小さな穴は何か。次の⑦〜⑰から
選びなさい。　　　　　　　　　　　　　　（　　　　）
⑦　虫などの小さな生物が食べたあと
⑦　マグマが固まるときに，気体成分が抜け出したあと
⑰　火山からふき出された粒がぶつかったあと

小さな穴が開いている。

3cm

□(3) 溶岩について正しく述べたものはどれか。次の⑦〜⑤から選びなさい。　（　　　　）
⑦　マグマが地上に流れ出たものをマグマとよび，それが固まったものを溶岩とよぶ。
⑦　マグマが地上に流れ出たものを溶岩とよび，それが固まったものは溶岩とよばない。
⑰　マグマが地上に流れ出たものを溶岩とよび，それが固まったものも溶岩とよぶ。
⑤　マグマが地上に流れ出たものと，流れ出る前の火山の中にあるマグマを溶岩とよぶ。

□(4) 火山が噴火するとき，高温の岩石，火山灰，火山ガスなどが高速で斜面をかけ下りる現象
を何というか。

（　　　　　　　　　）

ヒント　**1** (4) 物質Bは，火山れきや火山弾である。

（　　）と 　　　 にあてはまる語句を答えよう。

1 火山の形と噴火のようすのちがい

教科書p.205〜208　▶▶**❶❷**

□(1)　火山の形や噴火のようすは，マグマの①（　　　　　　　　）によって変わる。

□(2)　図の②〜⑦

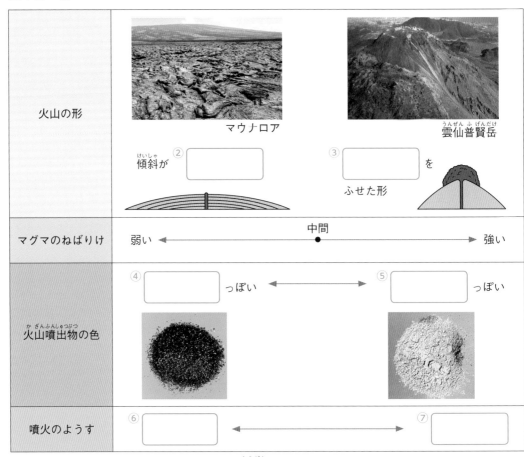

火山の形	マウナロア　　　　　　　　　　　　　雲仙普賢岳 傾斜が ②（　　　） ③（　　　）を ふせた形
マグマのねばりけ	弱い ←　　　　　　中間　　　　　　→ 強い
火山噴出物の色	④（　　　）っぽい　←→　⑤（　　　）っぽい
噴火のようす	⑥（　　　）　←→　⑦（　　　）

□(3)　マグマのねばりけが⑧（　　　　　　　　）と，溶岩は流れにくいため，火口近くに盛り上がって，おわんをふせたような形になる。逆に，マグマのねばりけが⑨（　　　　　　　　）と，溶岩はうすく広がって流れるため，傾斜の緩やかな形となる。

□(4)　火山の形を決めるのは，マグマのねばりけ以外では，火山灰や火山れきなどの⑩（　　　　　　　　）である。

□(5)　富士山は，溶岩のねばりけは⑪（　　　　　　　　）が，火山砕屑物を出す爆発的噴火と，溶岩を出す穏やかな噴火を繰り返し，大きな⑫（　　　　　　　　）の火山になっている。このような成り立ちの火山を⑬（　　　　　　　　）という。

要点	●火山の形や火山噴出物の色，噴火のしかたは，マグマのねばりけによって変わる。 ●富士山のような成り立ちの円錐形の火山を成層火山という。

1 図のA，Bは，火山の断面を模式的に表したものである。　▶▶ **1**

□(1) 火山の形や火山噴出物の色，噴火のようすは，何によって決まるか。
（　　　　　　　　　　　　）

□(2) マグマのねばりけが強い場合にできる火山は，A，Bのどちらか。（　　　　　）

□(3) 溶岩の色が白っぽい火山は，A，Bのどちらか。（　　　　　）

□(4) Aの火山が噴火するとき，どのような噴火になることが多いか。次の⑦，⑦から選びなさい。（　　　　　）
　⑦　激しい爆発をともなう噴火
　⑦　あまり爆発的にならず，穏やかに溶岩を流し出す噴火

□(5) Bの溶岩の表面のようすとして正しいものを，次の⑦，⑦から選びなさい。（　　　　　）
　⑦　ごつごつしている。　　⑦　滑らかである。

□(6) Bのような形をした火山を，次の⑦～⑦から選びなさい。
（　　　　　）
　⑦　マウナロア　　⑦　桜島　　⑦　雲仙普賢岳

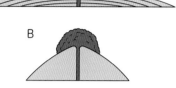

マグマのねばりけが弱いと，気体成分が抜け出しやすいよ。

単元4　大地の変化—教科書205～208ページ

2 図は，富士山のような形の火山ができるようすを，模式的に表したものである。　▶▶ **1**

□(1) 火山の形は，マグマのねばりけだけで決まるか。
（　　　　　　　　　　　　）

□(2) 火山れきや火山灰などの火山砕屑物が，火口近くに降り積もると，どのような形の火山ができるか。次の⑦～⑦から選びなさい。（　　　　　）
　⑦　円柱　　⑦　円錐　　⑦　三角錐

□(3) 降り積もった火山砕屑物は風雨によって崩れやすい。この火山砕屑物を覆ってしっかりと固めるAは何か。
（　　　　　　　　　　　　）

□(4) 図のような成り立ちの火山を何というか。
（　　　　　　　　　　　　）

1.噴火で火山砕屑物が円錐形に積もる。

A
2.その上をAが覆う。

3.その上を火山砕屑物が覆う。

ミスに注意 ❶ (2) マグマのねばりけが強いと，溶岩は流れにくくなる。
ヒント ❷ (3) 火山の噴火のとき，火山砕屑物以外では，火山ガス，溶岩がふき出す。

( )と□にあてはまる語句を答えよう。

1 火山灰などに含まれる粒

教科書p.209〜210 ▶▶

- □(1) 火山灰の中に含まれる粒の多くは，①( )とよばれる。
- □(2) 鉱物は，白っぽい②( )と黒っぽい③( )とに分けられる。
- □(3) 図の④，⑤

鉱物名	④ [ ]			⑤ [ ]			
	石英 せきえい	長石 ちょう	黒雲母 くろうんも	角閃石 かくせん	輝石 き	カンラン石	磁鉄鉱 じてっこう
写真							

- □(4) 火山灰や岩石は有色鉱物が多いと⑥( )っぽく，無色鉱物が多いと⑦( )っぽく見える。

2 マグマが固まってできた岩石

教科書p.212〜214 ▶▶

- □(1) マグマが冷え固まった岩石を①( )とよぶ。
- □(2) マグマが地表や地表近くで急速に冷え固まってできた岩石を②( )といい，地下でゆっくりと冷え固まった岩石を③( )という。
- □(3) 火山岩と深成岩では，冷え固まるまでの④( )が大きく異なるため，つくりにちがいができる。
- □(4) 図の⑤，⑥

安山岩(火山岩)のつくり

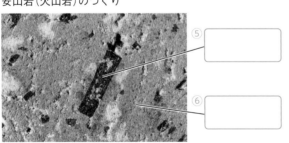

⑤ [ ]

⑥ [ ]

花崗岩(深成岩)のつくり

- □(5) 火山岩に見られる，大きな鉱物が粒のよく見えない部分に散らばっているつくりを⑦( )といい，深成岩に見られる，同じくらいの大きさの鉱物がきっちり組み合わさっているつくりを⑧( )という。

要点　●火成岩のうち，火山岩では斑状組織，深成岩では等粒状組織が見られる。

① **ある地域に積もった火山灰を観察すると，表の鉱物が見られた。** ▶▶ **1**

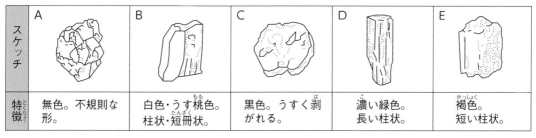

	A	B	C	D	E
スケッチ					
特徴	無色。不規則な形。	白色・うす桃色。柱状・短冊状。	黒色。うすく剥がれる。	濃い緑色。長い柱状。	褐色。短い柱状。

□(1) 表の鉱物は，①A，Bのグループと，②C，D，Eのグループに分けることができる。それぞれのグループの鉱物を何というか。　　①(　　　　　　　) ②(　　　　　　　)

□(2) A，B，Cはそれぞれ何という鉱物か。次の⑦～㋖から選びなさい。
　　　　　　　　　　　　　　　　　　　A(　　　) B(　　　) C(　　　)

⑦　角閃石　　　　㋑　長石　　　　㋒　黒雲母　　　㋓　カンラン石
㋔　磁鉄鉱　　　　㋕　輝石　　　　㋖　石英

□(3) この火山灰は，全体的にA，Bの割合が多かった。火山灰の色は，白っぽく見えるか，黒っぽく見えるか。　　　　　　　　　　　　　　　　(　　　　　　　　　)

② **図のA，Bは，2種類の火成岩の表面をルーペで観察してスケッチしたものである。** ▶▶ **2**

A

□(1) 図のAのように，同じくらいの大きさの鉱物がきっちりと組み合わさった岩石のつくりを，何というか。
　　　　　　　　　　　　　　　(　　　　　　　　　)

□(2) (1)のようなつくりの火成岩を何というか。
　　　　　　　　　　　　　　　(　　　　　　　　　)

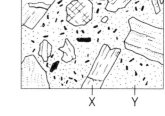

B

□(3) 図のBに見られる大きな鉱物の結晶Xと，小さな鉱物の集まりやガラス質の部分Yを，それぞれ何というか。
　　　　　　　　　　　X(　　　　　　) Y(　　　　　　)

□(4) 図のBのような岩石のつくりを，何というか。
　　　　　　　　　　　　　　　(　　　　　　　　　)

X　　Y

□(5) (4)のようなつくりの火成岩を，何というか。
　　　　　　　　　　　　　　　(　　　　　　　　　)

□(6) マグマが地下でゆっくりと冷え固まった岩石はA，Bのどちらか。　(　　　　　　　)

ヒント　**1** (3)火山灰は，有色鉱物が多いと黒っぽく，無色鉱物が多いと白っぽく見える。
　　　　2 (6)長い時間をかけて冷えると，マグマの中の鉱物は大きな結晶に成長する。

（　　）と□にあてはまる語句や数を答えよう。

1 火成岩の種類と含まれる鉱物の割合による色のちがい　教科書p.215　▶▶①

□(1)　火成岩は，含まれている①（　　　　　　　　）によって分類される。

□(2)　図の②〜⑦

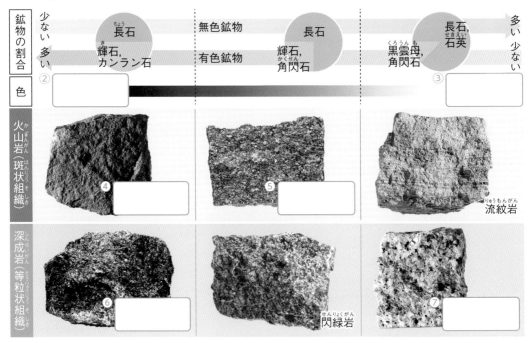

| 鉱物の割合 | 少ない　　　　　　長石　　無色鉱物　　　　　長石　　　　　　　　　　長石，石英　　多い |
| 色 | | |

火山岩（斑状組織）　④　　　　　⑤　　　　　流紋岩

深成岩（等粒状組織）　⑥　　　　　閃緑岩　　　⑦

2 火山の災害　教科書p.217〜219　▶▶②

□(1)　火口から飛来する岩石は，時速①（　　　　　　）kmを超えることがあり，大きな破壊力をもっている。

□(2)　②（　　　　　　　　）は，流れる経路の可燃物を焼き尽くすばかりでなく，冷えて固まるとかたい岩となって地形を変えることもある。

□(3)　③（　　　　　　　）は，溶岩流よりもはるかに高速で到達範囲が広いため，一層危険である。

□(4)　被災が想定される区域や避難場所，避難経路，防災関係施設の場所などを示した地図を④（　　　　　　　　）という。

新燃岳の噴火に備えたハザードマップ（宮崎県・鹿児島県）

要点　●火山岩と深成岩は，含まれる鉱物の割合によって分類される。

1章　火山(4)

① 表は，火成岩の種類と火成岩に含まれる鉱物の割合を表したものである。　▶▶ **1**

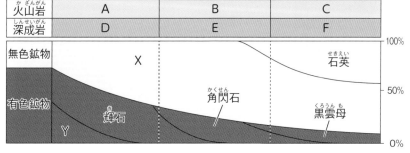

| 火山岩 | A | | B | | C | |
| 深成岩 | D | | E | | F | |

無色鉱物 … X … 石英 … 100% … 50%
有色鉱物 … 輝石 … 角閃石 … 黒雲母 … Y … 0%

□(1) 表のA～Fの火成岩を何というか。次の⑦～⑥からそれぞれ選びなさい。

A（　　　　）　B（　　　　）　C（　　　　）

D（　　　　）　E（　　　　）　F（　　　　）

⑦　斑れい岩　　　④　流紋岩　　　⑦　玄武岩　　　④　安山岩

⑦　閃緑岩　　　⑥　花崗岩

□(2) 表のX，Yはそれぞれ何という鉱物か。

X（　　　　　　　　）　Y（　　　　　　　　）

□(3) 白っぽい色の斑状組織の火成岩は，A～Fのどれか。　（　　　　）

□(4) 黒っぽい色の等粒状組織の火成岩は，A～Fのどれか。

（　　　　）

> 無色鉱物の割合が多いと，白っぽい色になるよ。

② 火山の災害について，次の問いに答えなさい。　

□(1) 次の①～③の火山の災害に対応するものを何というか。それぞれあとの⑦～⑦から選びなさい。

①　流れる経路の可燃物を焼き尽くしたり，かたい岩となって地形を変えたりする。

②　火口から有毒なガスが放出される。

③　火山噴出物ととけた雪が一体となって流れ下る。

①（　　　　）　②（　　　　）　③（　　　　）

⑦　火山ガス　　　④　溶岩流　　　⑦　融雪型火山泥流

□(2) 火山噴火や地震などによる災害の軽減や防災対策のために，被災が想定される区域や避難場所・避難経路，防災関係施設の場所などを示した地図を何というか。

（　　　　　　　　　　）

□(3) 火山活動の状況に応じて対象範囲ととるべき防災対応を5段階に区分して発表する指標を何というか。　（　　　　　　　　　）

ヒント　**①**(1) 火山岩には，流紋岩，安山岩，玄武岩がある。

ミスに注意　**①**(3) 斑状組織は，斑晶（はんしょう）と石基（せっき）からなるつくりである。

時間30分　／100点　合格70点　解答 p.22

① 図は，火山の噴火のようすである。　28点

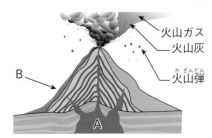

火山ガス
火山灰
火山弾(かざんだん)

B

A

□(1) 地下にある岩石が，高温のためどろどろにとけたもの Aを何というか。

□(2) 火山ガスは，Aの気体成分が大量に発泡(はっぽう)したものである。火山ガスに最も多く含まれる気体は何か。

□(3) Aが地上に流出したBを何というか。

□(4) 高温の岩石，火山灰，火山ガスが一体となって高速で斜面(しゃめん)をかけ下りる現象を何というか。

□(5) 記述 Bが固まったものを観察したところ，表面に無数の小さな穴があった。この穴はどのようにしてできたものか。簡潔に書きなさい。思

② 図は，ある火山の断面の形を模式的に表したものである。　23点

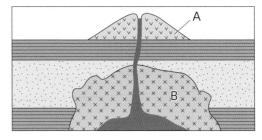

□(1) 図のような形の火山をつくるマグマのねばりけは，強いか，弱いか。

□(2) このような火山の噴火について，どのようなことがいえるか。次の⑦〜⊆から選びなさい。

⑦ マグマの気体成分が抜け(ぬ)出しやすいので，激しい噴火になることが多い。

⑦ マグマの気体成分が抜け出しやすいので，穏やか(おだ)な噴火になることが多い。

⑦ マグマの気体成分が抜け出しにくいので，激しい噴火になることが多い。

⊆ マグマの気体成分が抜け出しにくいので，穏やかな噴火になることが多い。

□(3) この火山から噴き出された火山灰を採取して，双眼実体顕微鏡(そうがんじったいけんびきょう)で観察した。

① 記述 双眼実体顕微鏡で観察する前に，火山灰にどのような処理をすればよいか。簡潔にかきなさい。技

② この火山灰に含まれる鉱物(こうぶつ)は，無色鉱物と有色鉱物のどちらの割合が多いか。

③ 図は，ある火山の地下のようすを模式的に表したものである。　15点

□(1) 図の火成岩(かせいがん)A，Bを比べると，どのようなちがいがあるか。次の⑦〜⊆から選びなさい。

⑦ Aの鉱物は，Bよりも白っぽい。

⑦ Aの鉱物は，Bよりも黒っぽい。

⑦ Aの鉱物は，Bよりも粒(つぶ)が小さい。

⊆ Aの鉱物は，Bよりも粒が大きい。

A

B

□(2) 図の火成岩A，Bを，それぞれ何というか。

成績評価の観点　技…観察・実験の技能　思…科学的な思考・判断・表現

❹ 2種類の火成岩A，Bの一面をそれぞれ
磨き，ルーペで観察した。図は，そのと
きのスケッチである。　34点

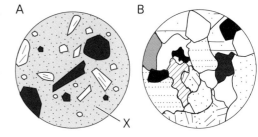

□(1) Aは，比較的大きな鉱物と，そのまわりを囲
む細かい粒などでできたXからできていた。
Xを何というか。

□(2) Bは，大きな鉱物がすき間なく組み合わさっていた。このような火成岩のつくりを何とい
うか。

□(3) 記述 Bが大きな鉱物の組み合わせでできているのは，Bがどのようなでき方をしたためか。
「できた場所」と「固まり方」に着目して簡潔に書きなさい。思

□(4) Aに含まれている有色鉱物のほとんどが輝石とカンラン石で，Bに含まれている有色鉱物
のほとんどが黒雲母であった。A，Bの名称をそれぞれ書きなさい。

□(5) Aにほとんど含まれていないが，Bには多く含まれている無色鉱物は何か。その名称を書
きなさい。

❶	(1) ____ 5点	(2) ____ 5点
	(3) ____ 5点	(4) ____ 5点
	(5) ____ 8点	

❷	(1) ____ 5点	(2) ____ 5点
	(3) ① ____ 8点	
	② ____ 5点	

| ❸ | (1) ____ 5点 | |
| | (2) A ____ 5点 | B ____ 5点 |

❹	(1) ____ 5点	(2) ____ 5点
	(3) ____ 8点	
	(4) A ____ 5点	B ____ 5点
	(5) ____ 6点	

定期テスト 予報　火成岩の分類に関する問題が多く出されるでしょう。火成岩の分類表を自分で作り，整理し
て覚えましょう。

（　）と□□□にあてはまる語句や数を答えよう。

1 地震の揺れの大きさ

教科書p.220〜224　▶▶①②

- □(1) ある地点での地面の揺れの程度を①（　　　　　）といい，日本では②（　　　　　）段階に分けられている。
- □(2) 地震そのものの規模を表す指標として③（　　　　　　　　）が用いられる。マグニチュードの数値が1つ大きくなると，エネルギーは約④（　　　　）倍になる。
- □(3) いろいろな原因で地下の岩石には力が加わり，ゆがみが生じている。岩石がこの力に耐えきれなくなると破壊されて，岩盤がずれる。これが⑤（　　　　　　　）である。

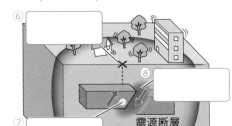

震源断層

- □(4) 図の⑥〜⑧
- □(5) ふつう震度は，震央付近で最も⑨（　　　　　　　），遠く離れるにつれて⑩（　　　　　　　）なる。
- □(6) 震源からの距離が同じ場所でも，⑪（　　　　　）の性質などによって，揺れ方が異なることもある。

2 地震の揺れの伝わり方

教科書p.225〜226　▶▶③

- □(1) 地震の揺れは，震央から①（　　　　　）状に広がる。
- □(2) 震央から離れた地点ほど揺れ始める時刻が②（　　　　　）なる。
- □(3) 揺れが始まった時刻を色分けして，境界を線で結ぶと，揺れは震源からほぼ③（　　　　　）速さで広がっていくことがわかる。
- □(4) 地震の揺れが伝わる速さは，空気中を伝わる音の速さよりも④（　　　　　）。
- □(5) 地震の揺れが伝わる速さは，次のようにして求めることができる。

地震による地面の揺れの伝わり方

※○内の数値は，揺れ始めるまでの時間を表している。

0　100km

$$速さ〔km/s〕 = \frac{⑤（　　　　　　　）からの距離〔km〕}{地震が発生してから地面の揺れが始まるまでの⑥（　　　　　　　）〔s〕}$$

要点
- ●震度は地震の揺れの程度，マグニチュードは地震で放出されたエネルギーを表す。
- ●地震による地面の揺れは，震央から同心円状に伝わる。

1 地下の岩石に力が加わり，岩石がその力に耐えきれなくなると破壊され，岩盤がずれて地震が起こる。　▶▶ 1

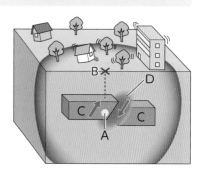

□(1) 岩石の破壊が始まった点Ａ，点Ａの真上の地表の点Ｂをそれぞれ何というか。

　　　Ａ（　　　　　　）　Ｂ（　　　　　　）

□(2) 岩盤がずれた場所Ｃ，Ｃ付近の岩石が破壊された領域Ｄをそれぞれ何というか。

　　　Ｃ（　　　　　　）　Ｄ（　　　　　　）

□(3) ふつう震度は，点Ａから離れるにつれてどうなるか。

　　　　　　　（　　　　　　　　　　）

2 図1，図2は，震源が近いところにある2つの地震の震度を表したものである。　▶▶ 1

□(1) 図2の地震の震央は，Ａ～Ｄのどれか。　（　　　　）

□(2) 震度は，日本では何段階に分けられているか。　（　　　　）

□(3) 地震そのものの規模を表す指標を何というか。
　　　　　　（　　　　　　）

□(4) (3)が大きいと考えられる地震は，図1，図2のどちらか。
　　　　　　（　　　　　　）

図1
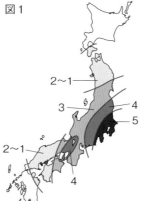

図2
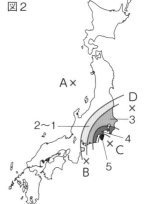

3 図は，ある地震の揺れ始めが同じ時刻の地点を2秒ごとに結んだものである。　▶▶ 2

□(1) 図のようすから，地震の揺れはどのように広がっているといえるか。次の（　）にあてはまる語句を書きなさい。

　　震央を中心に（　　　　　　）に広がっている。

□(2) [計算] 震源からの距離が56kmの地点で，地震が起こってから揺れ始めるまで8秒かかった。地震の揺れが伝わる速さは何km/sか。　（　　　　　　）

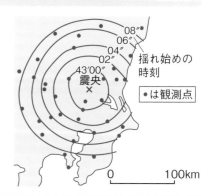

揺れ始めの時刻
●は観測点

ヒント　**3** (2) 震源からの距離〔km〕÷地震が発生してから地面の揺れが始まるまでの時間〔s〕で求める。

(）と □ にあてはまる語句を答えよう。

1 地面の揺れ方の規則性

教科書p.227〜230 ▶▶ ① ②

□(1) 地震によって起こるはじめの小さな揺れを①(　　　　　　　　)といい，後に続く大きな
揺れを②(　　　　　　　　)という。

□(2) 初期微動は，③(　　　　　　　)とよばれる速さの速い波による地面の揺れで，主要動は，
④(　　　　　　　)とよばれる遅い波による揺れである。

□(3) 図の⑤〜⑦

地震計による地面の揺れの記録とP波・S波の伝わり方

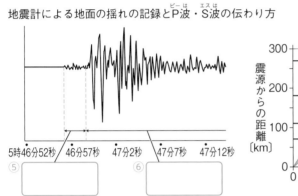

5時46分52秒　46分57秒　47分2秒　47分7秒　47分12秒
⑤
⑥

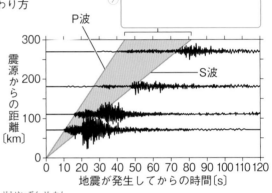

P波
300
震源からの距離〔km〕
200
S波
100
0
0 10 20 30 40 50 60 70 80 90 100 110 120
地震が発生してからの時間〔s〕
⑦

□(4) 震源からの距離が遠くなるほど，初期微動継続時間は⑧(　　　　　　　)なる。

2 地震の災害

教科書p.231〜233 ▶▶ ③

□(1) 地震が起こると，埋立地や川沿いなどの水を含むやわらかい土地で，地面が流動化する
①(　　　　　　　)が起こることがある。

□(2) 海域の浅い深度で発生する地震では，海底の地形を変化させて大きな②(　　　　　　　)を引
き起こすことがある。

□(3) 広い範囲で土地がもち上がることを③(　　　　　　)，沈むことを④(　　　　　　)という。

□(4) 地震の災害から身を守るしくみとして，地震の発生直後に発表される
⑤(　　　　　　　)や，予想される津波の高さを知らせる⑥(　　　　　　　)がある。

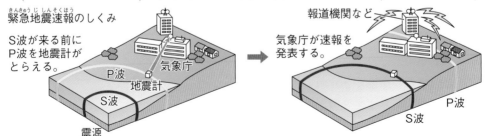

緊急地震速報のしくみ

S波が来る前に
P波を地震計が
とらえる。

報道機関など

気象庁が速報を
発表する。

P波
気象庁
地震計
S波
震源

P波
S波

| 要点 | ●初期微動が始まってから主要動が始まるまでの時間を初期微動継続時間という。 |

2章　地震(2)

時間 15分　解答 p.23

1 図は，ある地点の地震の揺れのようすを記録したものである。 ▸▸ 1

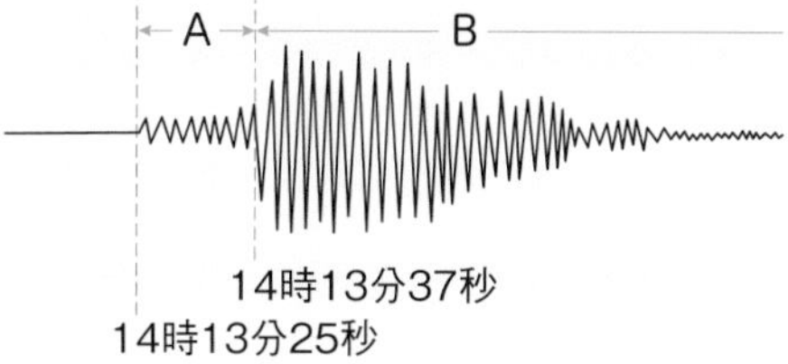

□(1) 図の小さな揺れA，大きな揺れBを，それぞれ何というか。 A(　　　) B(　　　)

□(2) 揺れA，Bを起こす地震の波を，それぞれ何というか。 A(　　　) B(　　　)

□(3) 計算 この時点での初期微動継続時間を求めなさい。 (　　　)

2 図は，ある地震の震源からの距離と，地震が発生してから揺れⓐ，ⓑが始まるまでの時間の関係を表したグラフである。 ▸▸ 1

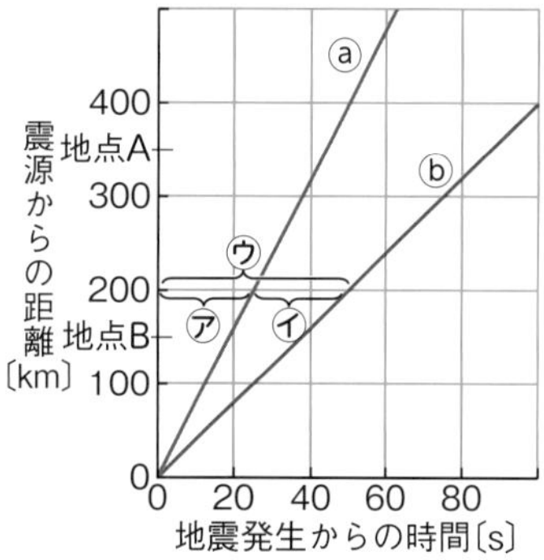

□(1) 揺れⓐ，ⓑを起こす波の伝わり方について正しく述べたものはどれか。次の㋐～㋓から選びなさい。 (　　　)

㋐ ⓐを起こす波はⓑを起こす波より早く震源から出る。

㋑ ⓑを起こす波はⓐを起こす波より早く震源から出る。

㋒ ⓐを起こす波はⓑを起こす波より速く伝わる。

㋓ ⓑを起こす波はⓐを起こす波より速く伝わる。

□(2) 初期微動継続時間を表しているのはどこか。図の㋐～㋒から選びなさい。 (　　　)

□(3) 震源からの距離が大きくなると初期微動継続時間はどうなるか。 (　　　)

□(4) 地震の揺れが大きいと考えられるのは，図の2地点A，Bのどちらか。 (　　　)

3 地震による災害について，次の問いに答えなさい。 ▸▸ 2

□(1) 次の①～③の災害を引き起こす，地震による現象を何というか。それぞれあとの㋐～㋓から選びなさい。

① 大きな波を引き起こして，海岸線で浸水が発生する。 (　　　)

② 水を含むやわらかい土地で，地面から土砂や水がふき出す。 (　　　)

③ 広い範囲で地面がもち上がったり，沈んだりする。 (　　　)

㋐ 隆起・沈降　㋑ 崖崩れ　㋒ 液状化　㋓ 津波

□(2) 地震直後に，P波を解析することで，震源から離れた地域でのS波の到達時刻や震度を推定し，発表される情報を何というか。 (　　　)

ヒント 1 (3) S波が届くまでの時刻－P波が届くまでの時刻 で求める。

ミスに注意 2 (4) ふつう震源に近い地域ほど，震度が大きくなる。

2章　地震

1 図は，ほぼ同じ深さで起こった２つの地震A，Bの震度の分布を表したものである。30点

□(1) 震源の真上の地表の点を，何というか。

□(2) 地震Bが起こったとき，地面の揺れが大きかったと考えられるのは，地点ⓐ，ⓑのどちらか。

□(3) 地震A，Bはその規模が異なり，地震が起こったときに放出されるエネルギーの大きさがちがうと考えられる。

① 地震の規模の大小を表す，その地震で放出されたエネルギーの大きさに対応するように決められた数値を何というか。

② 地震の規模が大きかったと考えられるのは，A，Bのどちらか。

③ 記述 ②で，地震の規模の大小を判断した理由を簡潔に書きなさい。思

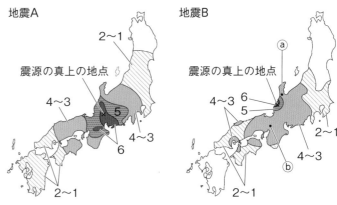

地震A　地震B

2 計算 図は，同じ地震の揺れを，2地点A，Bに置いた地震計で記録したものである。25点

□(1) 地点A，Bにおける初期微動継続時間はそれぞれ何秒か。

□(2) 地点Aの震源からの距離は75kmであった。地点Bの震源からの距離は，何kmか。

□(3) この地震で，P波が伝わった速さは何km/sか。

□(4) この地震が発生した時刻は，何時何分何秒か。思

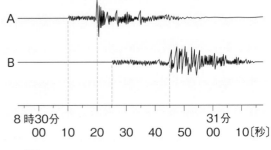

8時30分　00　10　20　30　40　50　31分00　10〔秒〕

3 表は，地点A〜Cで，ある地震の初期微動と主要動がそれぞれ始まった時刻と震源からの距離をまとめたものである。25点

	距離	初期微動	主要動
A	40km	15時31分50秒	15時31分55秒
B	120km	15時32分00秒	15時32分15秒
C	200km	15時32分10秒	15時32分35秒

□(1) 計算 地点Aの初期微動継続時間は何秒か。

□(2) 計算 作図 震源からの距離と，初期微動継続時間の関係を表すグラフを図にかきなさい。ただし，sは「秒」を表す単位記号である。思

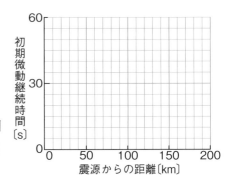

初期微動継続時間〔s〕

震源からの距離〔km〕

成績評価の観点　技…観察・実験の技能　思…科学的な思考・判断・表現

□(3) 震源からの距離と初期微動継続時間との間にある関係を，漢字２字で書きなさい。

□(4) この地震が起こった時刻は，何時何分何秒か。思

4 **1923年に関東大地震が起こった。図は，その前後の三浦半島における土地の高さの変化を表したグラフである。**

20点

□(1) 三浦半島で，①関東大地震が起こる前後の大地の変動，②関東大地震が起こったときの大地の変動を，それぞれ何というか。

□(2) 震源は，岩盤に力が加わり，破壊されてずれた場所にある。震源のある岩盤のずれを何というか。

□(3) 関東大地震の震源は，海底の地下であった。海底の浅い深度で発生する地震の場合，とくに注意しなければならない災害は何か。次のⒶ～Ⓔから選びなさい。
　Ⓐ　地滑り　　　Ⓘ　液状化　　　Ⓦ　津波　　　Ⓔ火災

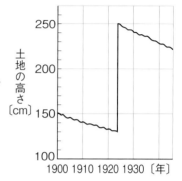

	(1)	5点	(2)	5点
❶	(3) ①	5点	②	5点
	③			10点
❷	(1) A	5点	B	5点
	(2)	5点	(3)	5点
	(4)	5点		
❸	(1)	5点	(2) 図に記入	10点
	(3)	5点	(4)	5点
❹	(1) ①	5点	②	5点
	(2)	5点	(3)	5点

定期テスト予報　震源からの距離と地震の波の伝わり方や初期微動継続時間の問題が出されるでしょう。グラフからＰ波・Ｓ波の速さや初期微動継続時間を導けるよう練習しておきましょう。

( )と□にあてはまる語句を答えよう。

1 地層のでき方

教科書p.235〜238　▶▶①

□(1) 地表の岩石が，長い間に気温の変化や水のはたらきなどで，表面からぼろぼろになって崩れていくことを①( )という。

□(2) もろくなった岩石が，風や流水などによって削られていくことを②( )という。流水による浸食が進むと，平らな土地に深い谷（V字谷）がつくられる。

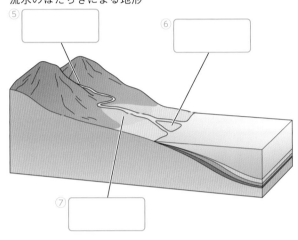

流水のはたらきによる地形
⑤[ ]
⑥[ ]
⑦[ ]

□(3) 流水によって，川の上流で削りとった土砂が下流へ運ばれていくことを③( )という。運ばれた土砂は，流れが緩やかになったところで④( )する。川が山地から平野に出るところには扇状地がつくられ，河口を中心にして三角州がつくられる。

□(4) 図の⑤〜⑦

□(5) 土砂が海や湖に流れこむと，粒の大きいものほど⑧( )沈むため，層の下の方には粒の⑨( )もの，上の方には粒の⑩( )ものが堆積する。

□(6) 河口の近くには⑪( )や砂が堆積し，河口から離れた沖合には⑫( )が堆積する。

2 地層の観察

教科書p.239〜241　▶▶②

□(1) 地層では，ふつう下にある層ほど①( )，上にある層ほど②( )。

□(2) 横から押す力や横に引っ張る力がはたらいて，地層が切れてずれることによってできたくいちがいを③( )という。

断層のでき方　　力のはたらいた方向

ずれの方向

□(3) 地層に力がはたらいて，押し曲げられたものを④( )という。

要点	●流水のはたらきには侵食・運搬・堆積がある。

1 **図は，川の流れが海に注ぎこむようすを表したものである。** ▶▶ 1

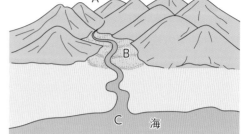

□(1) 地表の岩石は，長い間に①気温の変化や水のはたらきなどでもろくなり，②風や流水に削られていく。①，②のはたらきをそれぞれ何というか。

①(　　　　　　)
②(　　　　　　)

□(2) Aでできた土砂は，流水によってBに①運ばれ，やがてCに②たまる。①，②のはたらきをそれぞれ何というか。

①(　　　　　)　②(　　　　　)

□(3) ①三角州，②扇状地，③V字谷が見られるのはどこか。それぞれA〜Cで答えなさい。

①(　　　)　②(　　　)　③(　　　)

□(4) 流水のはたらきで運ばれた土砂は，海底にたまって層をつくる。

① このような層を何というか。　　　　　(　　　　　)

② 河口近くにたまることが多い土砂は，れき・砂・泥のどれか。　(　　　　　)

③ 層の中での土砂の粒のようすとして正しいものを，次のⓐ〜ⓒから選びなさい。　(　　　　　)

2 **図は，水平に堆積した地層に力がはたらき，変形したようすを表したものである。** ▶▶ 2

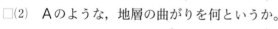

□(1) ふつう，地層の下にある層ほど，古いか，新しいか。　(　　　　　)

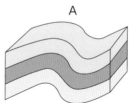
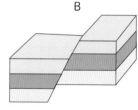

□(2) Aのような，地層の曲がりを何というか。
(　　　　　)

□(3) Bのような，地層のくいちがいを何というか。
(　　　　　)

□(4) 次のⓐ，ⓑは，水平に堆積した地層にはたらく力の向きを表したものである。A，Bのような地層の変形が起こったとき，地層にはたらいた力の向きはどちらか。それぞれ選びなさい。

A(　　　)　B(　　　)

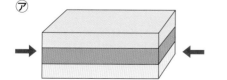
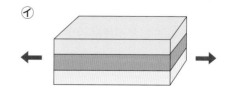

ヒント **1** (4)粒の小さい土砂ほど，水に流されやすく，沈(しず)みにくい。

単元4
大地の変化—教科書235〜241ページ

( ) にあてはまる語句を答えよう。

1 地層のつながり

教科書p.242〜243　▶▶①

- □(1) 機械で大地に穴を掘って地下の試料をとり出すことを①( ) という。
- □(2) 地層の重なり方を，柱状に表したものを②( ) という。
- □(3) 広域火山灰のように，遠く離れた地層が同時代にできたことを調べる際のよい目印となる層を③( ) という。
- □(4) 次の柱状図の各層を結び，地層の広がり方を再現してみよう。

地表の土　砂の層　泥の層　火山灰の層　砂・れきの層　花崗岩

2 堆積岩

教科書p.245〜246　▶▶②

- □(1) 海底や湖底に積もったれき・砂・泥などが固まったかたい岩石を①( ) という。

石灰岩

- □(2) 堆積岩は，れきや砂や泥が②( ) で運ばれて堆積したものなので，角がとれて③( ) を帯びている岩石や鉱物の粒の集まりである。
- □(3) れき岩，砂岩，泥岩は，構成する粒の④( ) で区分される。
  - 粒の直径が2 mm以上　→⑤( )
  - 粒の直径が0.06〜2 mm　→⑥( )
  - 粒の直径が0.06 mm以下　→⑦( )

チャート

- □(4) 火山灰や軽石などが堆積してできた岩石を，⑧( ) という。
- □(5) 石灰岩とチャートは，⑨( ) などが堆積してできた堆積岩である。
  ⑩( ) は，うすい塩酸をかけると気体(二酸化炭素)が発生する。

要点　●堆積岩には，れき岩，砂岩，泥岩，凝灰岩，石灰岩，チャートがある。

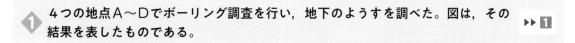

1 4つの地点A～Dでボーリング調査を行い，地下のようすを調べた。図は，その結果を表したものである。　▶▶ **1**

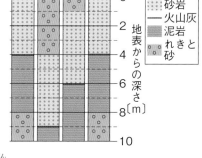

□(1) 図のように，ボーリングの結果を表した図を何というか。（　　　　）

□(2) 地層をつくる層の中には，遠く離れた地層が同時代にできたことを調べる際の目印となるものがある。

① このような層を何というか。（　　　　）

② ボーリング調査で見られた層のうち，①にあたるものはどれか。次の⑦～⑤から選びなさい。（　　　　）

⑦ 砂岩の層　　イ 火山灰の層　　ウ 泥岩の層　　エ れきと砂の層

□(3) ボーリング調査を行った4つの地点のうち，最も標高が高かったのは，A～Dのどれか。ただし，この地域の地層はほぼ平行に重なっているものとする。（　　　　）

2 図のA～Cは，地層をつくる岩石のスケッチである。A～Cはどれも流水によって運ばれた土砂からできていた。　▶▶ **2**

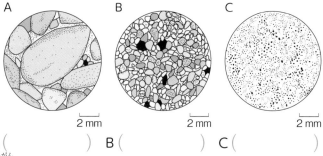

□(1) 海底や湖底に積もったれき・砂・泥などが，長い間に固まってできた図のような岩石を何というか。（　　　　）

□(2) A～Cは，それぞれ何という岩石か。

A（　　　　）　B（　　　　）　C（　　　　）

□(3) A～Cをつくっている粒が，火成岩をつくる粒などと比べて丸みを帯びているのはなぜか。次の⑦～⑤から，最も適切なものを選びなさい。（　　　　）

⑦ A～Cをつくる粒は，気温の変化や雨水のはたらきで，岩石が崩れたものだから。

イ A～Cをつくる粒が流水によって運搬される間に，角が水に溶けてしまったから。

ウ A～Cをつくる粒が流水によって運搬される間に，粒がぶつかり合ったから。

エ A～Cをつくる粒が堆積している間に，まわりから大きな力が加わったから。

□(4) 流水が運んだ土砂ではなく，火山灰や軽石などが積もってできた岩石を何というか。（　　　　）

□(5) 生物の死がいが積もってできた岩石のうち，うすい塩酸をかけると気体が発生する岩石を何というか。（　　　　）

ミスに注意 **1** (3)目印になる層を同じ高さにして比べる。

単元4 大地の変化─教科書242～246ページ

103

( )と□にあてはまる語句を答えよう。

1 示相化石

教科書p.247　▶▶1

□(1) 生物の死がいや生活のあとが地層中に保存されたものを①( )とよぶ。

□(2) 地層が堆積した当時の環境を示す化石を②( )という。

□(3) 示相化石の種類と地層が堆積した当時の環境
  ● サンゴ…ごく浅い③( )海　　● シジミ…湖や④( )など
  ● ブナ…⑤( )　　　　　　　● ヒトデ…⑥( )

サンゴ　　　　　　魚　　　　　　　　木の葉　　　　　　シジミ

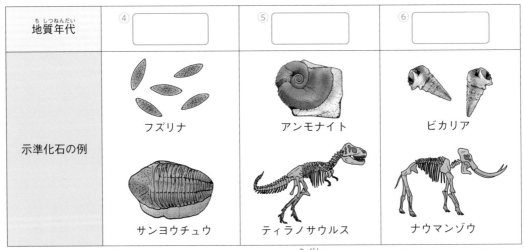

2 示準化石と地層のつくり

教科書p.247〜249　▶▶1 2

□(1) 地層が堆積した年代を示す化石を①( )といい，ある限られた時代の地層にしか見られず，②( )範囲で栄えた生物の化石が適している。

□(2) 化石などから決められる地球の歴史の時代区分を③( )という。

□(3) 図の④〜⑥

地質年代	④	⑤	⑥
示準化石の例	フズリナ / サンヨウチュウ	アンモナイト / ティラノサウルス	ビカリア / ナウマンゾウ

□(4) れき岩は流れの⑦( )な川底や川原で，砂岩は海岸近くの⑧( )海底で，泥岩は静かな湾の中や⑨( )海底で堆積した場合が多い。

□(5) 厚い凝灰岩の地層は当時，規模の大きい⑩( )があったことを示している。

要点　●示準化石などをもとにした時代区分を地質年代という。

❶ 地層の観察を行った。図は，その結果をまとめたものである。　▶▶ 1 2

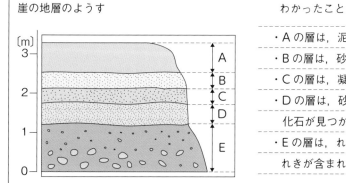

崖の地層のようす

わかったこと

・Aの層は，泥岩の層であった。

・Bの層は，砂岩の層であった。

・Cの層は，凝灰岩の層であった。

・Dの層は，砂岩の層で，この中からサンゴの化石が見つかった。

・Eの層は，れき岩の層で，石灰岩とチャートのれきが含まれていた。

□(1)　最も遠い沖合に堆積したのは，泥岩，砂岩，れき岩のどれか。　（　　　　　　　）

□(2)　この付近で火山活動があったことがわかる層は，A〜Eのどれか。　（　　　　　　　）

□(3)　Dの層に含まれていたサンゴの化石は，堆積した当時の環境を知る手掛かりとなる。

　①　堆積した当時の環境を知る手掛かりになる化石を何というか。　（　　　　　　　）

　②　Dの層が堆積したのはどのような環境か。次の㋐〜㋑から選びなさい。　（　　　　　　　）

　　㋐　あたたかく浅い海　　　㋑　冷たく浅い海

　　㋒　あたたかく深い海　　　㋓　冷たく深い海

❷ 図の化石A〜Cから，地層が堆積した時代がわかる。　▶▶ 2

A

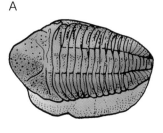

B

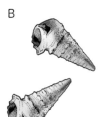

C

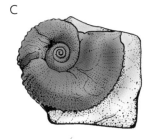

□(1)　地層が堆積した時代がわかる化石を何というか。　（　　　　　　　）

□(2)　(1)の化石の生物にはどのような特徴があるか。次の㋐〜㋑から選びなさい。　（　　　　　　　）

　　㋐　広い範囲にすみ，長い期間栄えた。　　　㋑　狭い範囲にすみ，長い期間栄えた。

　　㋒　広い範囲にすみ，短い期間栄えた。　　　㋓　狭い範囲にすみ，短い期間栄えた。

□(3)　地球の歴史をいくつかの時代に区分したものを何というか。　（　　　　　　　）

□(4)　図の化石A〜Cが含まれる地層が堆積した時代は，それぞれ古生代・中生代・新生代のどれか。
　　　　　　　　　　　　A（　　　　　　）B（　　　　　　）C（　　　　　　）

ヒント　❷ (4) Aはサンヨウチュウ，Bはビカリア，Cはアンモナイトの化石である。

4章　大地の変動

（　）にあてはまる語句を答えよう。

1 火山や地震とプレート

教科書p.251〜255　▶▶①

□(1)　地球の表面は①（　　　　　　　　）とよばれる十数枚のかたい板に覆われており，これが動くことで，さまざまな大地の変動が起きている。

□(2)　海のプレートと陸のプレートが接するプレートの境界では，②（　　　　　）のプレートが③（　　　　　）のプレートの下に沈みこむ。そのため，④（　　　　　）や火山は，プレートの境界で発生することが多い。

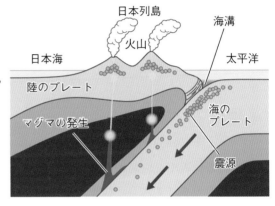

□(3)　日本付近の大きな地震は，陸と海のプレートの境界付近で起こる⑤（　　　　　）型地震で，この地震の震源は太平洋側で⑥（　　　　　），日本海側にいくにつれて⑦（　　　　　）なっている。

□(4)　陸のプレート内のゆがみによって起こる地震は⑧（　　　　　）型地震とよばれ，プレートの境界の地震と比べてマグニチュードは⑨（　　　　　）が，人が生活する場所に震源が近いため，大きな被害が生じることがある。

□(5)　海岸に沿って平らな土地と急な崖が階段状に並んでいる海岸段丘は，地震のときに起こる急激な⑩（　　　　　）によってつくられる。

2 自然の恵みと災害

教科書p.257〜259　▶▶②

□(1)　火山の噴火の後に，山に堆積した火山灰などが，雨によって流動化して泥流・①（　　　　　　　）などが発生することがある。

□(2)　大規模な地滑りや崖崩れ，山の崩壊は，噴火や，大きな②（　　　　　）によって発生することがある。

□(3)　沈みこむプレートによって地下で③（　　　　　）が発生するため，日本では活発な火山活動が起こる。

□(4)　マグマの熱は温泉や④（　　　　　）発電にも利用される。

□(5)　プレートの運動によって，海の中の生物の死がいによってできた⑤（　　　　　）は，セメントの原料になるとともに，カルストとよばれる地形をつくり，観光地にもなっている。

温泉

要点　●地球の表面はプレートで覆われ，その運動によって地震や火山活動が起こる。

① 地球の表面は，ＸやＹのような十数枚のかたい板で覆われており，それぞれの板は異なる方向に水平移動している。図は，そのようすを表したものである。 ▶▶ **1**

□(1) 地球の表面を覆っているかたい板を何というか。

（　　　　　　　）

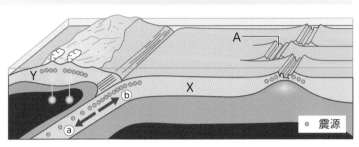

□(2) 図のＸが動く向きは，ⓐ，ⓑのどちらか。

（　　　　　　　）

□(3) 海底にそびえる大山脈Ａを何というか。 （　　　　　　　）

□(4) 海溝型地震と内陸型地震について正しく説明しているものを，次の⑦～①から選びなさい。

（　　　　　）

⑦ 海のプレートと陸のプレートの境界付近で発生する地震が内陸型地震で，海溝型地震よりもマグニチュードが大きい。

① 海のプレートと陸のプレートの境界付近で発生する地震が内陸型地震で，海溝型地震よりもマグニチュードが小さい。

⑦ 海のプレートと陸のプレートの境界付近で発生する地震が海溝型地震で，内陸型地震よりもマグニチュードが大きい。

① 海のプレートと陸のプレートの境界付近で発生する地震が海溝型地震で，内陸型地震よりもマグニチュードが小さい。

□(5) 地震による急激な大地の隆起によってつくられる，海岸に沿って平らな土地と急な崖が階段状に並んでいる地形を何というか。 （　　　　　　　）

② 自然の恵みと災害について，次の問いに答えなさい。 ▶▶ **2**

□(1) 自然のもたらす災害について，次の①～③の内容が正しければ〇，まちがっていれば✕を書きなさい。

① 土石流は，堆積した火山灰などが雨などによって流れ出す災害である。 （　　　）

② 地滑りや崖崩れは，噴火や大きな地震によって発生することがある。 （　　　）

③ 震源が遠く，揺れを感じない地震であれば，津波は到来しない。 （　　　）

□(2) マグマの熱を利用した発電を何というか。 （　　　　　　　）

□(3) プレートの運動によって，日本列島に豊富に存在している，セメントの原料にもなる岩石は何か。次の⑦～①から選びなさい。 （　　　　　　　）

⑦ 凝灰岩　　　① 深成岩　　　⑦ 火山岩　　　① 石灰岩

ミスに注意 ❶ (4) 日本付近の大きな地震は，海溝型地震であることが多い。

ヒント ❷ (3) 海の生物の死がいなどが堆積してできた岩石である。

ぴたトレ
3
確認テスト

3章　地層／4章　大地の変動

時間 30分　　／100点
合格 70点
解答 p.26

❶ 図のA～Cは，いろいろな地層の変化を表したものである。　18点

□(1) A，Bのような地層の変形を，それぞれ何というか。

□(2) 次の①～③は，それぞれA～Cのどれについて述べたものか。

A　　　　　　B　　　　　　C

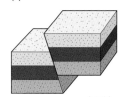 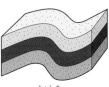 

① 地層に加えられた力によって，水平に堆積した地層が隆起したときに傾いた。

② 地層に加えられた力によって岩石が破壊され，地層がずれた。

③ 地層に加えられた力によって地層が曲がった。

□(3) AとBで加わる力について，正しく述べたものはどれか。次の⑦～①から選びなさい。

⑦　A…左右から押す力，B…左右から押す力

④　A…左右に引く力，B…左右から押す力

⑦　A…左右から押す力，B…左右に引く力

①　A…左右に引く力，B…左右に引く力

❷ 図1のA～Dの地点でボーリング調査を行い，地下のようすを調べた。図2は，その結果を柱状図に表したものである。また，この地域の地層は，ほぼ水平に同じ厚さで堆積していた。　38点

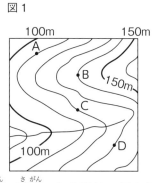

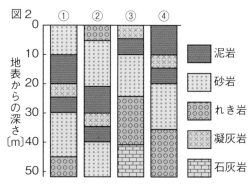

□(1) 泥岩，砂岩，れき岩は，何のちがいによって分けられるか。次の⑦～①から選びなさい。

⑦　粒のねばりけ　　④　粒の形　　⑦　粒の色　　①　粒の大きさ

□(2) 泥岩，砂岩，れき岩のうち，最も水の動きが少ない場所に堆積してできたと考えられるものはどれか。

□(3) 記述 泥岩，砂岩，れき岩に含まれる粒は，丸みを帯びていることが多い。その理由を簡潔に書きなさい。思

□(4) 記述 堆積岩が石灰岩であることを調べるには，何を確かめればよいか。その方法と結果がわかるように書きなさい。思

□(5) 泥岩，砂岩，れき岩，凝灰岩，石灰岩のうち，鍵層として使えることが多い地層となるのは何岩か。

□(6) 図1のA〜Dを標高の高い地点から並べるとどうなるか。次の⑦〜⑨から選びなさい。

⑦　A→B→C→D　　　　　④　B→C→A→D　　　　　⑨　B→D→A→C

④　B→D→C→A　　　　　⑦　D→B→C→A　　　　　⑨　D→C→B→A

□(7) 図2の①〜④は，それぞれ，A〜Dのどの調査地点のものか。

❸ 図は，ある露頭_{ろとう}を観察した結果である。

18点

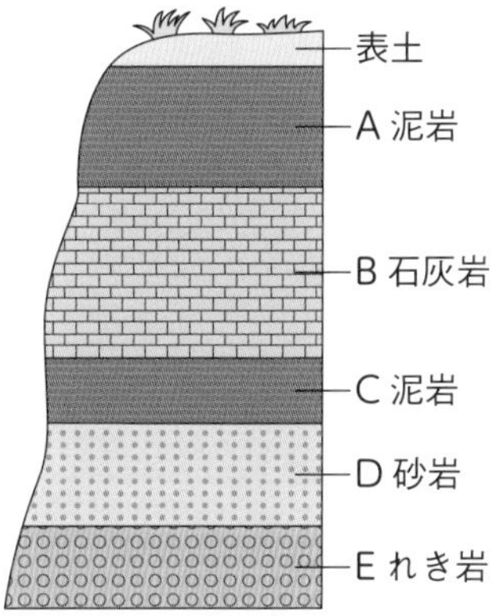

□(1) 最も古い時代に堆積したと考えられる地層はどれか。図のA〜Eから選びなさい。

□(2) C〜Eの層が堆積したころのこの地域のようすとして正しいものはどれか。次の⑦〜④から選びなさい。

⑦　海水面が一度上昇_{じょうしょう}したが，その後下降した。

④　大きな地震_{じしん}が起こり，断層_{だんそう}ができた。

⑨　沖合_{おきあい}からしだいに海岸近くになった。

④　海岸近くからしだいに沖合になった。

（図の右側の地層）
- 表土
- A 泥岩
- B 石灰岩
- C 泥岩
- D 砂岩
- E れき岩

□(3) Dの層には，シジミの化石が含まれていた。

① Dの層が堆積した当時の環境_{かんきょう}はどのようであったか。次の⑦〜④から選びなさい。

⑦　あたたかくて浅い海　　　④　海水と淡水_{たんすい}が混ざる河口や湖

⑨　冷たくて浅い海　　　④　比較的寒い陸地_{ひかく}

② シジミの化石のように，地層が堆積した当時の環境を知る手掛_がかりとなる化石を何というか。

□(4) Eの層には，アンモナイトの化石が含まれていた。

① Eの層が堆積した地質年代_{ちしつねんだい}はいつか。次の⑦〜⑨から選びなさい。

⑦　古生代　　　　④　中生代　　　　⑨　新生代

② アンモナイトの化石のように，地層が堆積した地質年代を推定できる化石を何というか。

❹ 図は，日本列島のある地域で起こったマグニチュード3.0以上の地震の震源_{しんげん}の分布を表したものである。この図を見ると，日本付近では，大きく分けて日本列島の真下の浅いところで起こる地震（X）と，2つのプレートの境界付近で起こる地震（Y）があることがわかる。

14点

□(1) 津波_{つなみ}を起こすことがあるのは，XとYのどちらの地震か。

□(2) 発生する地震のマグニチュードが大きいのは，XとYのどちらの地震か。

□(3) 記述 日本列島の東側の，海のプレートと陸のプレートの境界付近で地震が発生しやすいのはなぜか。簡単に書きなさい。思

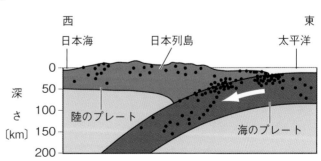

⑤ **自然の恵みと災害について，次の問いに答えなさい。** 　　　　　　　　　　　12点

□(1) 次のⓐ〜ⓔのうち，地震によって発生することがあるものを全て選びなさい。

　　　ⓐ　崖崩れ　　　　ⓘ　土石流　　　　ⓤ　地滑り　　　　ⓔ　津波

□(2) 次の①〜③は，わたしたちの生活にどのような恵みをもたらしているか。あとのⓐ〜ⓤか
　　らそれぞれ選びなさい。

　　　①　火山岩や火山灰　　　　②　断層や火山堆積物　　　　③　マグマ

　　┌───┐
　　│ ⓐ　湧水　　　ⓘ　温泉　　　ⓤ　ミネラル成分に富んだ土壌 │
　　└───┘

❶	(1)	A 〈3点〉		B 〈3点〉
	(2)	① 〈3点〉	② 〈3点〉	③ 〈3点〉
	(3)	〈3点〉		

❷	(1)	〈3点〉		(2) 〈3点〉
	(3)	〈7点〉		
	(4)	〈7点〉		
	(5)	〈3点〉		(6) 〈3点〉
	(7)	① 〈3点〉		② 〈3点〉
		③ 〈3点〉		④ 〈3点〉

❸	(1)	〈3点〉		(2) 〈3点〉
	(3)	① 〈3点〉		② 〈3点〉
	(4)	① 〈3点〉		② 〈3点〉

❹	(1)	〈3点〉		(2) 〈3点〉
	(3)	〈8点〉		

❺	(1)	〈3点〉		
	(2)	① 〈3点〉	② 〈3点〉	③ 〈3点〉

┌──────────┬───┐
│ 定期テスト │ 地層をつくる堆積岩や化石から，地層のでき方を考える問題が多く出されるでしょう。プレー │
│ **予報** │ トの動きと地震の関係も押さえておきましょう。 │
└──────────┴───┘

テスト前に役立つ!

\\ 定期テスト //

予想問題

チェック!

- テスト本番を意識し, 時間を計って解きましょう。

- 取り組んだあとは, 必ず答え合わせを行い, まちがえたところを復習しましょう。

- 観点別評価を活用して, 自分の苦手なところを確認しましょう。

テスト前に解いて, わからない問題や まちがえた問題は, もう一度確認して おこう!

❶ 身近な生物の観察のしかたについて，次の問いに答えなさい。 技　　12点

□(1) 図の器具を使って，手に持ったタンポポの花を観察します。

① 図の器具を何といいますか。

② 図の器具の使い方の説明として正しいものを，次の⑦〜⑨
から選びなさい。

⑦　器具を花に近づけて持ち，花を前後に動かしてよく見える位置を探す。

⑦　器具を目に近づけて持ち，花を前後に動かしてよく見える位置を探す。

⑨　器具を目に近づけて持ち，顔を前後に動かしてよく見える位置を探す。

 □(2) スケッチのしかたとして誤っているものを，次の⑦〜⑨から選びなさい。

⑦　先を細く削った鉛筆で，輪郭をはっきりと表す。

⑦　見えるもの全てではなく，目的とするものだけを対象にかく。

⑨　影をつけたり，線を重ねがきしたりして，立体的にかく。

よく出る ❷ 図は，サクラの花の断面を模式的に表したものである。 24点

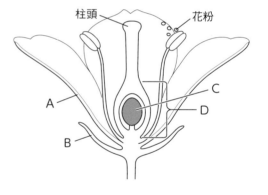

□(1) A，Bの部分をそれぞれ何というか。

□(2) 花粉が柱頭につくことを何というか。

□(3) 花粉が柱頭につくと，C，Dは成長してそれぞれ何になるか。

□(4) サクラの花のように，花弁が互いに離れている花を，次の⑦〜⑨から2つ選びなさい。

⑦　アブラナ　　　⑦　ツツジ

⑨　エンドウ　　　⑨　アサガオ

❸ 図1のA，Bは，2種類の被子植物の芽生えのようす，図2はタンポポの根のようすを表したものである。 24点

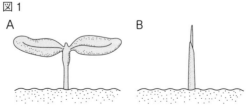

□(1) 図1のAのように，2枚の対になった子葉をもつ植物のなかまを何というか。

□(2) 図1のA，Bが成長したとき，葉に見られる葉脈は，それぞれ網状脈，平行脈のどちらか。

□(3) 図2のタンポポに見られる，太い根X，細い根Yをそれぞれ何というか。

□(4) 図1のA，Bのうち，タンポポのような根のつくりをもつのはどちらか。

成績評価の観点　技…観察・実験の技能　思…科学的な思考・判断・表現

❹ 図は，マツの枝に咲く2種類の花A，Bと，それぞれの花のりん片C，Dを模式的に表したものである。

□(1) 花Aの説明として正しいものを，次の⑦〜⊊から選びなさい。

  ⑦ 雌花で，そのりん片はCである。

  ⑦ 雌花で，そのりん片はDである。

  ⑦ 雄花で，そのりん片はCである。

  ⊊ 雄花で，そのりん片はDである。

□(2) 胚珠を表しているのは，図のⓐ，ⓑのどちらか。

□(3) 記述 マツに果実ができないのはなぜか。マツの花のつくりから説明しなさい。思

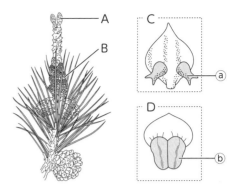

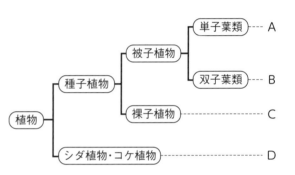

❺ 図は，種子植物を分類したものである。

□(1) 記述 植物は，種子植物とシダ植物・コケ植物に分けることができる。このときの観点（特徴）を書きなさい。思

□(2) 次の①〜③の植物は，それぞれ図のA〜Dのどのなかまに分類されるか。

  ① イヌワラビ

  ② イチョウ

  ③ エンドウ

```
                                    ┌─ 単子葉類 ---- A
                      ┌─ 被子植物 ─┤
          ┌─ 種子植物 ┤              └─ 双子葉類 ---- B
          │            └─ 裸子植物 -------------- C
  植物 ─┤
          └─ シダ植物・コケ植物 -------------- D
```

❶	(1)	① 〔4点〕	② 〔4点〕	(2) 〔4点〕
❷	(1)	A 〔4点〕	B 〔4点〕	(2) 〔4点〕
	(3)	C 〔4点〕	D 〔4点〕	(4) 〔4点〕
❸	(1)	〔4点〕	(2) A 〔4点〕	B 〔4点〕
	(3)	X 〔4点〕	Y 〔4点〕	(4) 〔4点〕
❹	(1)	〔4点〕	(2)	〔4点〕
	(3)			〔10点〕
❺	(1)			〔10点〕
	(2)	① 〔4点〕	② 〔4点〕	③ 〔4点〕

❶ 右の表は，10種類の脊椎動物を5つのグループに分けたものである。次の問いに答えなさい。　51点

□(1)　魚類，は虫類，哺乳類はどれか。それぞれA〜Eから選びなさい。

□(2)　次の①〜③の動物を，それぞれA〜Eから全て選びなさい。
　　①　胎生である動物
　　②　陸上に卵を産む動物
　　③　体が羽毛で覆われている動物

よく出る □(3)　A，Bの呼吸のしかたについて正しいものを，それぞれ次の⑦〜①から選びなさい。
　　⑦　子もおとなもえらで呼吸する。
　　①　子もおとなも肺で呼吸する。
　　⑦　子はえらと皮ふで呼吸し，おとなになると肺と皮ふで呼吸する。
　　①　子は肺と皮ふで呼吸し，おとなになるとえらと皮ふで呼吸する。

グループ	動物名
A	アデリーペンギン ダチョウ
B	サンショウウオ イモリ
C	ウサギ コウモリ
D	メダカ フナ
E	アオダイショウ カメ

❷ 図は，ライオンとシマウマの頭骨を模式的に表したものである。　20点

□(1)　それぞれの動物の歯について正しいものを，次の⑦〜①から2つずつ選びなさい。
　　⑦　ライオンのAの歯にあたるのは，シマウマのEの歯である。
　　①　ライオンのBの歯と，シマウマのEの歯を門歯という。
　　⑦　ライオンのAの歯は獲物の肉を食いちぎり，シマウマのEの歯は草や木を食いちぎる。
　　①　ライオンのCの歯は肉を細かくすりつぶし，シマウマのDの歯は草や木を細かくすりつぶす。

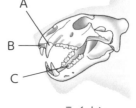

ライオン

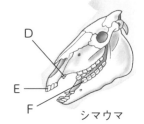

シマウマ

よく出る □(2)　ライオンとシマウマの目について正しいものを，次の⑦〜①から1つずつ選びなさい。
　　⑦　前方を向いていて，立体的に見える範囲が広い。
　　①　前方を向いていて，後方まで見える。
　　⑦　側方に向いていて，立体的に見える範囲が広い。
　　①　側方に向いていて，後方まで見える。

点UP □(3)　記述 ライオンにとって，目が(2)のようになっていることは，どのようなことに役立っているかを，簡潔に書きなさい。思

　成績評価の観点　技…観察・実験の技能　思…科学的な思考・判断・表現

❸ 次のＡ〜Ｆは,いろいろな無脊椎動物を表したものであり,このうちの１つを除いた全てが節足動物である。あとの問いに答えなさい。　　　　　　　　　　　　　　　　　29点

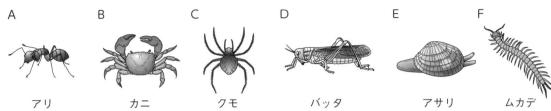

A　　　　　　　B　　　　　　　C　　　　　　　D　　　　　　　E　　　　　　　F

アリ　　　　　カニ　　　　　クモ　　　　　バッタ　　　　　アサリ　　　　ムカデ

□(1)　節足動物でないものをＡ〜Ｆから選びなさい。

□(2)　昆虫類をＡ〜Ｆから全て選びなさい。

□(3)　昆虫類の特徴を，次の⑦〜⑤から全て選びなさい。

　　⑦　目，口，触角をもつ。

　　④　体が頭部，胸部，腹部に分かれ，4対のあしをもつ。

　　⑦　肺で呼吸する。

　　⑤　脱皮して成長する。

点UP □(4)　記述 ＢとＥのなかまの多くに共通している，生活場所と呼吸のしかたはどのようなものか。簡潔に書きなさい。思

❶	(1)	魚類　　　　　　　　6点	は虫類　　　　　　6点	哺乳類　　　　　　6点
	(2)	①　　　　　　　　　7点	②　　　　　　　　7点	③　　　　　　　　7点
	(3)	A　　　　　　　　　6点	B　　　　　　　　　　　　　　6点	
❷	(1)	6点		
	(2)	ライオン	シマウマ　　　　　　　　　　　　　6点	
	(3)	8点		
❸	(1)	7点	(2)　　　　　　　　7点	(3)　　　　　　　　7点
	(4)	8点		

1章　いろいろな物質
2章　気体の発生と性質

時間 30分 ／100点　｜合格 70点｜　解答 p.28

❶ **図は，ガスバーナーを表したものである。** 技　　24点

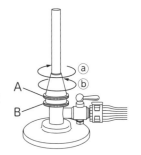

□(1)　図のねじA，Bは，それぞれ何の量を調節するものか。

□(2)　ガスバーナーに点火して炎の大きさを調節したが，炎が黄色くゆら
めいていた。

　　① 記述 炎を適切な状態にするには，何の量をどうすればよいか。

　　② ①の状態にするとき，A，Bをどうすればよいか。それぞれ次
のⓐ～ⓒから選びなさい。

　　　⑦　ⓐの向きに回す。　　　　　⑦　ⓑの向きに回す。

　　　⑦　動かないようにする。

❷ **白い粉末A～Cについて，次の実験1・2を行った。ただし，A～Cは，砂糖・食塩・片栗
粉のどれかである。** 　　20点

実験 1．A～Cを燃焼さじにとって加熱したと
ころ，Aは変化しなかったが，BとC
は炎を上げて燃えた。火のついたBと
Cを集気瓶に入れて燃やし，火が消え
てから燃焼さじをとり出して，石灰水
を入れてよく振った。

石灰水

実験 2．水に入れるとAとCは溶けたが，Bは溶けなかった。

□(1)　実験1で火のついたB，Cを集気瓶に入れると，瓶の内側がくもった。このくもりは何か。

□(2)　実験1で集気瓶をよく振った後，石灰水はどのように変化したか。

□(3)　(2)の石灰水の変化から，BとCが燃えるとできたことがわかる物質は何か。

□(4)　片栗粉は，A～Cのどれか。

❸ **図のように，水40.0 cm³を入れたガラス器具に質量40.9 gの金属Xを沈めると，体積が15.2
cm³であることがわかった。** 　　16点

□(1)　図のガラス器具を何というか。

点UP □(2)　Xを沈めたときのガラス器具の水面の位置として，正しいものはどれか。
次の⑦～⑤から選びなさい。 技

 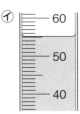 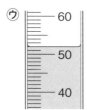 

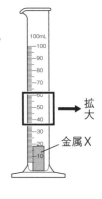

拡大

金属X

□(3)　計算 Xの密度は何g/cm³か。四捨五入して小数第1位まで求めなさい。

　成績評価の観点　技…観察・実験の技能　思…科学的な思考・判断・表現

❹ 図のような装置で，いろいろな液体と固体を組み合わせて気体A～Cを発生させ，別の試験管に集めた。次に，気体A～Cの性質を調べる実験をいくつか行った。表は組み合わせた液体と固体，行った実験とその結果をまとめたものである。　40点

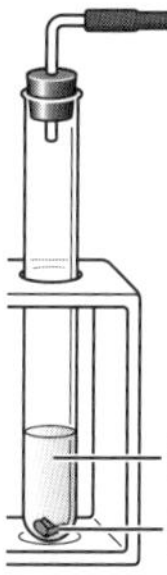

液体
固体

	液体	固体	実験と結果
気体A	オキシドール	二酸化マンガン	火のついた線香を入れると X 。
気体B	うすい塩酸	石灰石	石灰水を入れて振ると石灰水が白くにごった。
気体C	うすい塩酸	亜鉛	火のついたマッチを近づけると気体が爆発して燃えた。

□(1) 気体A～Cは，それぞれ何という気体か。

□(2) 表のXにあてはまる実験結果を簡潔に書きなさい。

□(3) 気体Bの集め方として適切でないものを，次の⑦～⑦から選びなさい。
　　　⑦　水上置換法　　　　⑦　上方置換法　　　　⑦　下方置換法

□(4) 気体Cに火のついた線香を入れたとき，気体が爆発的に燃えた後にできる物質は何か。

□(5) 次の性質があてはまる気体を，A～Cから全て選びなさい。ただし，どの気体にもあてはまらない性質の場合は✕を書きなさい。
　　　①　無色である。　　　②　水に溶けた水溶液は酸性を示す。　　　③　特有の刺激臭がある。

❶	(1) A		の量 4点	B		の量 4点
	(2)	①				8点
		② A	4点	B		4点
❷	(1)		4点			
	(2)					8点
	(3)		4点	(4)		4点
❸	(1)		4点	(2)		4点
	(3)		8点			
❹	(1) A		4点	B		4点
		C	4点			
	(2)					8点
	(3)		4点	(4)		4点
	(5) ①		4点	②	4点	③ 4点

1 固体のろうをビーカーに入れて加熱し，ろうがとけ始めてから完全にとけるまでの時間と温度を測定すると，グラフのようになった。

28点

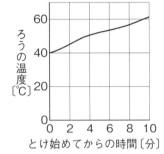

□(1) 固体を加熱したとき，とけて液体になる温度を何というか。

□(2) ろうは，純粋な物質，混合物のどちらか。

□(3) 記述 (2)で，そのように判断した理由を簡潔に書きなさい。

□(4) とけ終わったろうの質量は，とける前と比べてどうだったか。

□(5) 液体になったろうの中に，固体のろうを入れた。固体のろうは液体のろうに浮くか，沈むか。

□(6) 記述 (5)で，そのように判断した理由を簡潔に書きなさい。

2 図のような装置で，水10 mLとエタノール3 mLの混合物を加熱し，試験管に液体が2 mLたまるごとに試験管をとりかえ，集めた順に試験管ⓐ，ⓑ，ⓒとした。

28点

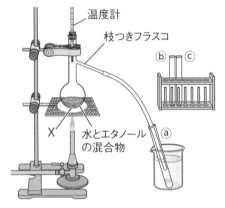

温度計
枝つきフラスコ
ⓑ　ⓒ
X
水とエタノールの混合物
ⓐ

□(1) この実験のように，液体を沸騰させて気体にし，また液体にして集める方法を何というか。

□(2) 急な沸騰を防ぐために，加熱する混合物に入れておくXを何というか。

□(3) 記述 試験管を水の入ったビーカーに入れておく理由を，簡潔に書きなさい。技

□(4) 試験管ⓐ，ⓑ，ⓒを，集めた液体に含まれるエタノールの割合が大きい順に並べなさい。

□(5) 記述 (4)で，そのように判断した理由を簡潔に書きなさい。

3 Aのように，カップの水120 gに砂糖30 gを入れた。ただし，水の粒子は省略してある。

20点

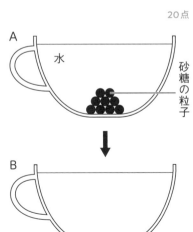

A
水
砂糖の粒子

B

□(1) 作図 Aの水をよくかき混ぜると，砂糖が全部溶けた。このときの砂糖の粒子はどうなっているか。図のBに砂糖の粒子のモデルをかきなさい。

□(2) かき混ぜてできた砂糖水の温度を保ち，水が蒸発しないようにして放置した。砂糖の粒子はどのようになるか。次のⓐ〜ⓒから選びなさい。

　　ⓐ　水面に浮いて集まってくる。

　　ⓑ　カップの底の方に沈んでくる。

　　ⓒ　全体に均一に散らばっている。

□(3) 砂糖が全部溶けた砂糖水の質量は何gか。

□(4) 計算 砂糖が全部溶けた砂糖水の質量パーセント濃度は何%か。

成績評価の観点　技…観察・実験の技能　思…科学的な思考・判断・表現

④ 図は，硝酸カリウム，ミョウバン，塩化ナトリウムが，100 g の水に溶ける最大の量と温度の関係を表したものである。

24点

□(1) 一定量の水に溶ける物質の最大の量を，その物質の何というか。

□(2) 物質が限界まで溶けている水溶液のことを何というか。

□(3) 20℃の水 100 g に溶ける量が最も多いのは，3つの物質のうちのどれか。

□(4) 60℃の水 100 g に，3つの物質をそれぞれ限界まで溶かした。この水溶液を20℃まで冷やしたとき，最も多くの結晶をとり出せるのはどれか。

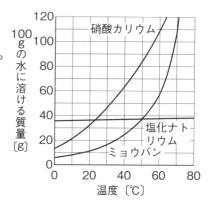

□(5) (4)のようにして，水溶液に溶けた物質を結晶としてとり出すことを何というか。

□(6) 記述 水溶液から結晶をとり出すとき，水溶液を冷やす以外にどのような方法があるか。

❶	(1)		4点	(2)		4点
	(3)					6点
	(4)		4点	(5)		4点
	(6)					6点
❷	(1)		4点	(2)		4点
	(3)					8点
	(4)	→ →	4点			
	(5)					8点
❸	(1)	図に記入	6点	(2)		4点
	(3)		4点	(4)		6点
❹	(1)		4点	(2)		4点
	(3)		4点	(4)		4点
	(5)		4点			
	(6)					4点

 ❶ /28点　❷ /28点　❸ /20点　❹ /24点

❶ 鏡に光が当たると反射して像ができる。　　　　　　　　　　　　40点

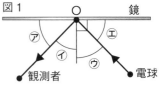

□(1) 図1は，電球から出た光が点Oで反射して観測者に届くまでの道筋を，真上から見て表したものである。
① 入射角はどれか。図の㋐～㋓から選びなさい。
② 観測者が見た鏡に映った電球の像は，実像か虚像か。

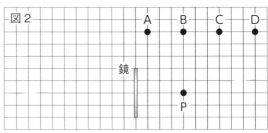

□(2) 鏡と4本の鉛筆A～Dを水平な方眼紙の上に垂直に立て，点Pから鏡に映った鉛筆の像を観察した。図2は，これを真上から見たものである。点Pから鏡に映った像が見えた鉛筆はどれか。A～Dから全て選びなさい。

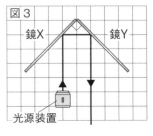

□(3) 図3は，直角に組み合わせた鏡X，鏡Yに光を当て，その進み方を真上から見たものである。このように，鏡Xに入射した光と鏡Yで反射した光が平行になるのは，Xへの入射角の大きさがどのようなときか。次の㋐～㋓から選びなさい。
㋐ 入射角は45°以下である。　　㋑ 入射角は45°である。
㋒ 入射角は45°以上である。　　㋓ 入射角は関係しない。

□(4) 直角に合わせた2枚の鏡の間に1本の鉛筆を立てて正面から見ると，鉛筆が3本映っているのが見えた。図4は，そのようすを表したものである。鉛筆を立てる位置を左側へ動かすと，見え方はどのように変わるか。次の㋐～㋓から選びなさい。[思]

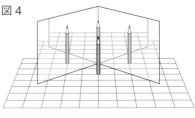

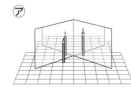　　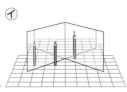　　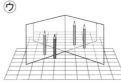　　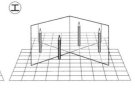

❷ 図のAのように，茶わんの底に硬貨を置いたときは硬貨は見えなかったが，Bのように茶わんに水を入れると，硬貨が浮かび上がって見えるようになった。　　　　　　15点

□(1) 光が物質の境界面で折れ曲がって進む現象を何というか。

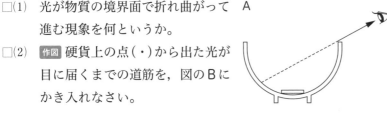

□(2) [作図] 硬貨上の点(・)から出た光が目に届くまでの道筋を，図のBにかき入れなさい。

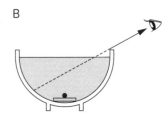

成績評価の観点　[技]…観察・実験の技能　[思]…科学的な思考・判断・表現

❸ 凸レンズの左12cmにろうそく，右24cmにスクリーンを置いたところ，ろうそくのはっきりした像がスクリーンに映った。図は，そのようすを表したものである。 25点

□(1) 作図 ろうそくから出た光A・Bがスクリーンまで進む道筋を作図しなさい。

□(2) この凸レンズの焦点距離は何cmか。

□(3) ろうそくとスクリーンの位置は変えず，凸レンズをスクリーンに近づけて，はっきりした像を再びスクリーンに映した。このときの凸レンズとろうそくの距離は何cmか。

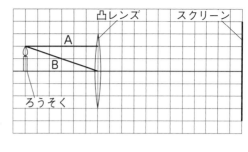

❹ 図のように，2本のろうそくを並べて置き，十分に離れた位置から凸レンズに近づけ，スクリーン上にできる像のようすを調べた。 20点

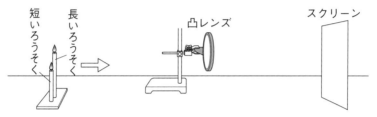

□(1) スクリーンに映る像を凸レンズ側から見るとどうなるか。次の㋐～㋔から選びなさい。

㋐ 　㋑ 　㋒ 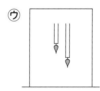　㋓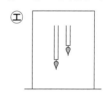

□(2) 2本のろうそくを凸レンズに近づけていくと，ろうそくと凸レンズの距離が20cmになったとき，スクリーンをどの位置に置いても像が映らなくなった。

① 凸レンズの焦点距離は何cmか。

② スクリーンに実物と同じ大きさの像が映るとき，ろうそくと凸レンズの距離は何cmか。

❶	(1)	①	5点		②	5点
	(2)		10点	(3)		10点
	(4)		10点			
❷	(1)		5点	(2)	図に記入	10点
❸	(1)	図に記入	10点	(2)		5点
	(3)		10点			
❹	(1)		5点			
	(2)	①	5点	②		10点

❶ 雷の稲光が見えてから4秒後に雷鳴が聞こえた。　20点

□(1)　計算 雷までの距離は約何mか。音が空気中を伝わる速さを340m/sとして求めなさい。

点UP □(2)　記述 稲光が見えてから，雷鳴が聞こえるまでに時間がかかるのはなぜか。その理由を簡潔に書きなさい。 思

❷ 図1のようなモノコードで，弦をはじいたときの音の波形を調べると，図2のようになった。このモノコードについて，弦をはじく強さ，ことじの位置，弦を張る強さを変えたときの音について調べた。　18点

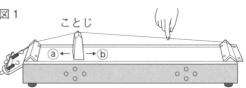

図1　ことじ

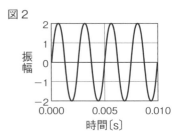

図2

□(1)　はじいた弦のように，音を発している物体を何というか。

□(2)　図1のときよりも高い音を出すには，図1のモノコードをどのようにすればよいか。次の㋐～㋕から2つ選びなさい。

　　㋐　弦を強くはじく。
　　㋑　弦を弱くはじく。
　　㋒　ことじを@の向きに動かす。
　　㋓　ことじをⓑの向きに動かす。
　　㋔　弦の張る強さを強くする。
　　㋕　弦の張る強さを弱くする。

よく出る □(3)　図1のときよりも高い音を出したときの音の波形を，次の㋐～㋓から選びなさい。

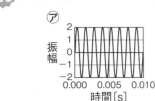 ㋐
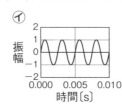 ㋑
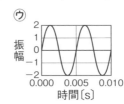 ㋒
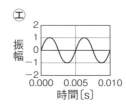 ㋓

❸ 物体にはたらく，次のA～Eの力について，あとの問題に答えなさい。　20点

A　弾性力　　B　摩擦力　　C　磁力　　D　電気の力　　E　重力

□(1)　強く握って形を変えたゴムボールが，もとの形に戻ろうとするときに生じる力は，A～Eのどれか。

□(2)　こすった下じきを紙切れに近づけると，下じきが紙切れを引きつけた。このとき生じている力は，A～Eのどれか。

□(3)　物体どうしが離れていてもはたらく力を，A～Eから全て選びなさい。

成績評価の観点　技…観察・実験の技能　思…科学的な思考・判断・表現

④ あるばねに100gのおもりを1個，2個，…とつるしていき，そのときのばねの伸びを調べた。表は，その結果をまとめたものである。ただし，100gの物体にはたらく重力の大きさを1Nとする。

30点

おもりの数〔個〕	0	1	2	3	4
ばねの伸び〔cm〕	0	3.1	6.0	8.9	12.0

□(1) [作図] このばねに加えた力の大きさと，ばねの伸びの関係を表すグラフを，右の図に表しなさい。

□(2) [計算] このばねにおもりを6個つるすと，ばねの伸びは何cmになるか。

□(3) 月面上で，このばねに100gのおもりを3個つるすと，ばねの伸びは何cmになると考えられるか。次の⑦〜①から選びなさい。ただし，月面上の重力は地球上の$\frac{1}{6}$とする。

⑦　1.5cm　　　　④　3.1cm　　　　⑦　6.0cm　　　　①　8.9cm

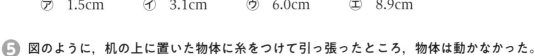

⑤ 図のように，机の上に置いた物体に糸をつけて引っ張ったところ，物体は動かなかった。

12点

□(1) このとき，糸が物体を引く力とつり合いの関係にあるのはどのような力か。次の⑦〜⑦から選びなさい。

⑦　物体にはたらく重力

④　物体に加わる垂直抗力

⑦　物体と机の間にはたらく摩擦力

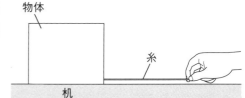

□(2) 糸が物体を引く力が3Nだったとき，(1)の力の大きさはどうなっているか。次の⑦〜⑦から選びなさい。

⑦　3Nより大きい。　　　④　3Nである。　　　⑦　3Nより小さい。

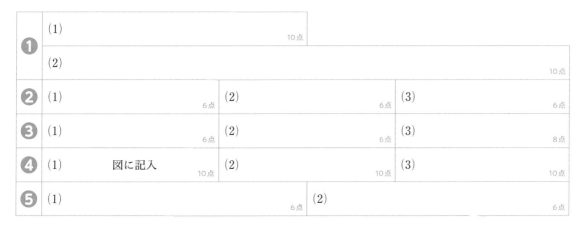

定期テスト予想問題　身近な物理現象　教科書162〜185ページ

時間 30分 ／100点 ｜ 合格 70点 ｜ 解答 p.31

❶ 異なった場所で採集した火山灰Ａ，Ｂをよく水洗いして観察した。図1はそのときのスケッチである。 25点

□(1) 火山灰や溶岩，火山ガス，火山弾などをまとめて何というか。

□(2) 火山灰の洗い方として適切なものを，次の⑦～⑤から選びなさい。技

　⑦ 粒をくだくようにして強く洗う。

　④ 粒をこすり合わせるようにして洗う。

　⑦ 指でかき回すように洗う。

　⑤ 指の腹でよくこするようにして洗う。

図1

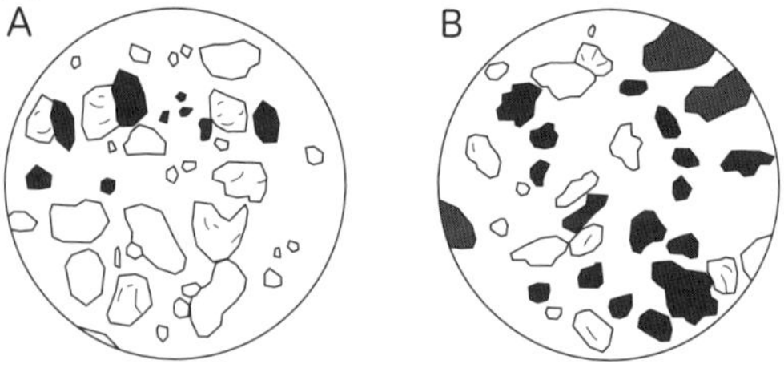

□(3) 石英や長石の粒が多く見られたのは，図1のＡ，Ｂのどちらか。

□(4) 図2は，代表的な火山の断面の形を模式的に表したものである。

図2
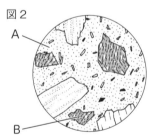

　① 図1のＡのような，白っぽい火山灰を噴き出す火山は，図2の@，ⓑのどちらか。

　② 比較的穏やかな噴火をしてできたと考えられる火山は，図2の@，ⓑのどちらか。

❷ 図1は，ある火山付近の地下のようすを表したもので，図2は，この地域で採集された火成岩のつくりを表したものである。 30点

図1

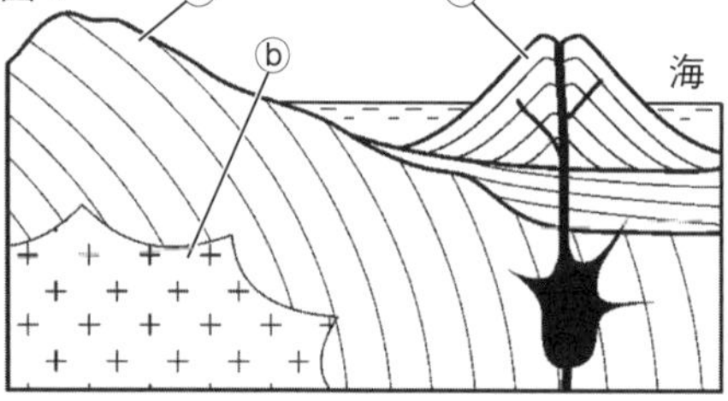

図2

□(1) 図2の火成岩の，目に見えないほど小さな粒の部分Ａ，やや大きな粒の部分Ｂをそれぞれ何というか。

□(2) 図2のような火成岩のつくりを何というか。

□(3) (2)のつくりをもつ火成岩を何というか。

□(4) 図2の火成岩はどのようにしてできたか。次の⑦～⑤から選びなさい。

　⑦ ねばりけの弱いマグマが固まった。　　④ ねばりけの強いマグマが固まった。

　⑦ マグマが短い間に冷えて固まった。　　⑤ マグマが長い時間をかけて固まった。

□(5) 図2の火成岩ができたのはどこか。図1の@～ⓒから選びなさい。

成績評価の観点 技…観察・実験の技能 思…科学的な思考・判断・表現

❸ 地表付近で発生した地震の地震波（P波，S波）の到達時刻を，3地点A〜Cで観測した。表はその結果である。

45点

□(1) P波，S波によって起こる地震の揺れを，それぞれ何というか。

	震源との距離	P波	S波
A	40km	0時3分25秒	0時3分30秒
B	80km	0時3分30秒	0時3分40秒
C	160km	0時3分40秒	0時4分0秒

□(2) 作図 地震波の到達時刻と震源との距離の関係を表すグラフを図にかき，P・Sの文字をそえなさい。

□(3) この地震の発生時刻はいつか。次の⑦〜⊥から選びなさい。

 ⑦ 0時3分15秒   ⊘ 0時3分20秒

 ⊙ 0時3分25秒   ⊥ 0時3分30秒

□(4) 計算 A地点での初期微動継続時間は何秒か。

□(5) 計算 震源からの距離が120kmの地点での初期微動継続時間は何秒か。

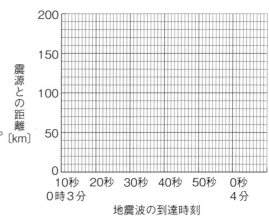

❶	(1) 5点	(2) 5点	
	(3) 5点		
	(4) ① 5点	② 5点	
❷	(1) A 5点	B 5点	
	(2) 5点	(3) 5点	
	(4) 5点	(5) 5点	
❸	(1) P波 6点	S波 6点	
	(2) 図に記入 9点	(3) 6点	
	(4) 9点	(5) 9点	

① 図は，河口から沖合にかけて海底に積もった土砂のようすを表したものである。　36点

□(1) 海底に積もった土砂は，地表の岩石が川の流水などによって削られ，運ばれたものである。

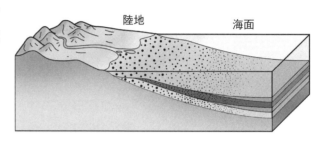

陸地　　　　海面

① かたい岩石も，長い間に風化して土砂になる。風化の原因になるものは何か。主なものを2つあげなさい。

② 風化によってもろくなった岩石を削る，風や流水のはたらきを何というか。漢字2字で書きなさい。

 □(2) 記述 川によって運ばれてきた土砂は，河口近くにれき，沖合に泥，その間に砂が堆積する。このように，土砂の種類によって堆積場所がちがうのはなぜか。「粒の大きさ」と「沈む速さ」という語を用いて簡潔に書きなさい。思

□(3) 海底に土砂が堆積してできた地層が，陸上の崖などで見られることがある。

① 海底で堆積した地層が陸上で見られることからわかる大地の変動は何か。

② 一般に，新しく堆積した地層は上下のどちらのものか。

③ 地層の重なりを柱のように表した図を何というか。

④ ③の図で地層の広がりを調べるとき，同じ時期に堆積した層を比較する目印になる，化石などを含む層のことを何というか。

② 堆積した土砂は長い年月の間に，土砂の間の水分が抜けて粒どうしがくっつき，かたい岩石になる。このようにしてできた岩石を堆積岩という。　24点

 □(1) 記述 流水によって運ばれた土砂が堆積してできた，れき岩や砂岩，泥岩をつくる粒にはどのような特徴があるか。簡潔に書きなさい。思

□(2) 生物の死がいなどが堆積してできた岩石に，石灰岩やチャートがある。

① 石灰岩とチャートを比べるとどのようなちがいがあるか。次の⑦〜①から選びなさい。

　⑦ 石灰岩は，チャートよりもかたい。

　① チャートは，石灰岩よりもかたい。

　⑦ 石灰岩には化石が見られることがあるが，チャートには見られない。

　① チャートには化石が見られることがあるが，石灰岩には見られない。

② 石灰岩にうすい塩酸をかけたときに発生する気体は何か。

□(3) 火山灰は，流水によって運ばれずに，堆積岩になる。

① 火山灰が堆積してできた岩石のことを何というか。

② 火山灰は，主に何によって運ばれるか。

成績評価の観点　技…観察・実験の技能　思…科学的な思考・判断・表現

❸ 地層には，図のA～Dのような化石が見られることがある。 16点

□(1) 化石は，地層の広がりを調べる目印となる他に，①地層が堆積した当時の環境を知る手掛かりとなったり，②地層が堆積した年代を推定したりすることができる。①，②の目的で使われた化石を，それぞれ何というか。

よく出る □(2) 記述 Aのサンゴの化石からわかる堆積当時の環境を簡潔に書きなさい。

□(3) 古生代に生息していた生物の化石は，B～Dのどれか。

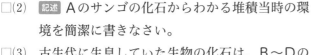
A サンゴ

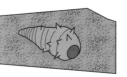
B アンモナイト

C ビカリア

D サンヨウチュウ

❹ 図は，ある崖に見られた地層のスケッチをもとにしたものである。 24点

□(1) 図に見られる，波打ったような地層の変形A，地層のずれBを，それぞれ何というか。

□(2) 地層の変形A，Bのうち，先に起こったのはどちらか。

A
B

よく出る □(3) 図のA，Bのような変形は，堆積した地層に大きな力が加わることによってできる。この力は，主に地球を覆っているかたい板の運動による。このかたい板を何というか。

❶	(1)	①	8点	②	4点
	(2)				8点
	(3)	①	4点	②	4点
		③	4点	④	4点
❷	(1)				8点
	(2)	①	4点	②	4点
	(3)	①	4点	②	4点
❸	(1)	①	4点	②	4点
	(2)		4点	(3)	4点
❹	(1)	A	4点	B	4点
	(2)		8点	(3)	8点

教科書ぴったりトレーニング
〈大日本図書版・中学理科1年〉
この解答集は取り外してお使いください。

ぴたトレ0

生物の世界　の学習前に
1章／2章　①花粉　②実　③種子　④子葉
　　　　　⑤根
3章　①あし　②骨　③鼻　④肺　⑤酸素
　　　⑥血液　⑦二酸化炭素　⑧子宮

考え方

1章／2章①～③
アサガオのように，1つの花にめしべとお
しべがあるものと，ヘチマのように，雌花
にめしべ，雄花におしべがあるものがある。
おしべが出した花粉は，昆虫や風などによっ
て運ばれ，めしべの先につく(受粉する)と，
めしべのもとの部分が育って，やがて実に
なる。実の中には種子ができる。
　一方，受粉しないと実はできず，かれてし
まう。

3章①
チョウのほかに，カブトムシやバッタ，ト
ンボなども昆虫である。昆虫によって，食
べ物やすみかなどがちがうが，昆虫の成虫
は，頭，胸，腹からできている，などといっ
た同じつくりを観察することができる。

3章②
ヒトの体には骨や筋肉，関節などがあり，
それらのはたらきによって体を支えたり，
動かしたりしている。

3章③～⑦
ヒトは肺で呼吸をしている。肺は，空気中
の酸素を血液中にとり入れ，血液中の二酸
化炭素をとり出し，体外に出すはたらきを
している。

3章⑧
メダカもヒトも，受精した卵(受精卵)が育っ
て，子が生まれるが，メダカとちがって，
ヒトの子は母親の体内の子宮で育ってから
生まれてくる。

物質のすがた　の学習前に
1章／2章　①金属　②鉄　③重さ　④窒素
　　　　　⑤酸素　⑥二酸化炭素
3章　①沸騰　②水蒸気　③氷
4章　①水溶液　②増える　③増える　④蒸発
　　　⑤ろ過

考え方

1章／2章①～②
金属のうち，鉄は磁石につく。紙やゴム，木，
プラチック，ガラスは電気を通さず，磁石
にもつかない。

1章／2章④～⑥
酸素には，ものを燃やすはたらきがある。
窒素や二酸化炭素には，ものを燃やすはた
らきはない。

3章①～③
水は気体(水蒸気)，液体(水)，固体(氷)と
すがたを変える。

4章①～③
水に溶ける量は，水の量や温度，溶かすも
のの種類によってちがう。

身近な物理現象　の学習前に
1章　①まっすぐ　②大きく　③明るく
3章　①大きく　②大きく　③引き　④しりぞけ
　　　⑤長い　⑥短い　⑦つり合う

考え方

1章①～③
光は真っすぐに進む。また，光を集めると，
集めた光が当たったところは明るく，あた
たかく(熱く)なる。

3章①～②
風やゴムの力で，ものを動かすことができる。

3章③～④
磁石は鉄を引きつける。また，磁石にはN
極とS極があり，磁石のちがう極どうしは
引き合い，同じ極どうしはしりぞけ合う。
磁石の力は離れていてもはたらく。

3章⑤〜⑦

棒をてことして使ったとき，棒を支える点を支点，力を加える点を力点，物体に力がはたらく点を作用点という。

大地の変化　の学習前に

1章　①溶岩

2章　①断層

3章／4章　①侵食　②運搬　③堆積　④地層
　　　　　⑤れき岩　⑥砂岩　⑦泥岩　⑧化石

考え方

1章①，2章①
火山や地震によって土地のようすが変化し，災害が生じることがある。

3章／4章①〜③
流れる水の量が増えると，土地を削るはたらき（侵食）・土などを運ぶはたらき（運搬）・土などを積もらせるはたらき（堆積）は大きくなる。

3章／4章④〜⑦
れき・砂・泥などが堆積して地層ができる。固まってできた岩石を，それぞれれき岩，砂岩，泥岩という。

生物の世界

p.10 **ぴたトレ1**

1　①計画　②まとめる　③写真　④継続
　⑤危険な場所　⑥手　⑦目的　⑧輪郭
　⑨影　⑩ことば

2　①太陽　②目　③見たいもの　④顔

考え方

2(3)ルーペの使い方は，観察するものが動かせるときと動かせないときでちがうことに注意する。

p.11 **ぴたトレ2**

1　(1)⑦　(2)⑦　(3)A　(4)⑦

2　(1)ルーペ　(2)太陽　(3)⑦

考え方

1(1)写真を使うことにより，動いている生物の特徴などを簡単に記録することができる。また，まわりの風景を含めて写真を撮っておけば，その生物が生息している環境も記録できる。

(2)〜(4)スケッチは，鉛筆をよく削り，細い線ではっきりとかく。影をつけたり，一度かいた線をなぞったり（重ねがき）すると，線がぼやけるため，記録する特徴がわかりにくくなってしまう。

2(3)見たいものが動かせるときは，見たいものを前後に動かして，よく見える位置を探す。ルーペを目に近づけて持つのは，ルーペのレンズの直径が小さいためである。

p.12 **ぴたトレ1**

1　①接眼レンズ　②視度調節リング　③鏡筒
　④調節ねじ　⑤視度調節リング　⑥場所
　⑦特徴　⑧インターネット

2　①ちがっている　②観点　③4
　④新しい観点

考え方

1(2)双眼実体顕微鏡は，ルーペや顕微鏡と比べて，見たいものを立体的に見ることができる。

ぴたトレ2

❶ (1)ウ (2)太陽 (3)ウ→ア→イ (4)①○ ②×

❷ (1)大きさが20cm未満 (2)イ

考え方

❶ (1)双眼鏡は，近づくと逃げてしまう生物を観察するのに適している。

(3)双眼実体顕微鏡は，まず，ウのように両目で観察準備を行う。アのとき，粗動ねじ，微動ねじがあるものについては，粗動ねじから調節する。

(4)観察の後で，生物を観点によって分類するときに必要になるので，生物がいた場所のようすも書くようにする。図鑑やインターネットを使って後からわかったことも，カードには書き加える。このとき，書き加えた内容には印をつけておくと，わかりやすい。

ぴたトレ3

❶ (1)エ (2)ア (3)イ

(4)X 日当たりがよいところ
Y 動かなかったもの

❷ (1)イ，ウ (2)ウ

(3)目をいためるから。

❸ (1)双眼実体顕微鏡 (2)イ

(3)立体的に見える。

考え方

❶ (1)観察したときに疑問に思ったこと，わからなかったことはそのままにせず，図鑑やインターネットを使って調べるようにする。

(2)目的とするものだけを，細い線で正確にかき，絵だけで表せないことは，ことばでも記録する。

(3)環境によって観察できる生物は異なる。また，人がよく立ち入る場所とあまり立ち入らない場所，日なたと日陰など，同じ生物でも環境によってすがたが変わることもある。

(4)生物を分類するときの観点については，自分で基準を考え，そのことについて対になるように項目を立てる。

❷ (1)アの水中の微小な生物の観察には，顕微鏡が適している。また，木の上にいる鳥の観察には，双眼鏡が適している。

(2)ルーペは目(顔)に近づけて使用する。

(3)ルーペに使われているレンズは凸レンズといい，光を1点に集める性質がある。場合によっては失明するので，絶対にルーペで見てはいけない。太陽を見るときは，しゃ光板を使って見る。

❸ (2)2つの接眼レンズの視野がずれているので，それぞれの視野が重なるように調節する。

ぴたトレ1

1 ①花弁 ②めしべ ③やく ④柱頭 ⑤子房
⑥離弁花 ⑦合弁花

2 ①受粉 ②胚珠 ③子房 ④種子 ⑤果実
⑥種子植物 ⑦虫媒花 ⑧風媒花

考え方

1 ①小学校では「花びら」と習ったものを，中学校では「花弁」とよぶ。

ぴたトレ2

❶ (1)A がく B 花弁 C おしべ D めしべ

(2)ⓒ (3)ⓐ→ⓒ→ⓑ→ⓓ

(4)イ (5)ア

❷ (1)受粉 (2)C (3)D 種子 E 果実 (4)D

(5)種子植物 (6)虫媒花

考え方

❶ (2)ツツジのCはおしべである。アブラナの花には短いおしべが2本と，長いおしべが4本ついている。

(3)アブラナの花は，中心に1本のめしべがあり，そのまわりに6本のおしべがある。これらを囲むように4枚の花弁があり，花弁の下に4枚のがくがある。

(5)ツツジやアサガオのように，花弁がくっついている花を合弁花といい，サクラやエンドウのように，花弁が互いに離れている花を離弁花という。

② (1)～(4)柱頭に花粉がつくことを受粉という。受粉が起こると、胚珠は成長して種子になり、子房は成長して果実になる。

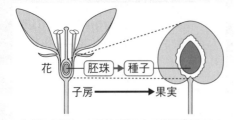

花 — 胚珠 → 種子
子房 ━━━━→ 果実

(6)サクラの他に、ツツジ、ヤマユリなどが虫媒花である。

p.18
ぴたトレ1

1 ①数 ②葉脈 ③網状脈 ④平行脈 ⑤水 ⑥支え ⑦主根 ⑧側根 ⑨ひげ根 ⑩根毛

2 ①双子葉類 ②単子葉類 ③双子葉類 ④単子葉類 ⑤網状脈 ⑥平行脈 ⑦ひげ根

考え方 ② (1)双子葉類の「双」は2つ、「単」は1つという意味の漢字で、それぞれ子葉の枚数を表している。

p.19
ぴたトレ2

1 (1)葉脈 (2)A網状脈 B平行脈 (3)A

2 (1)A主根 B側根 (2)ひげ根 (3)イ (4)根毛 (5)体を支える。

3 (1)双子葉類…2枚 単子葉類…1枚 (2)①双子葉類 ②単子葉類

考え方 1 (1)葉脈の部分には、水や養分の通り道がある。
(2)網目状になっている葉脈を網状脈、平行になっている葉脈を平行脈という。芽生えのとき、子葉が2枚の植物は網状脈をもつものが多く、子葉が1枚の植物は平行脈をもつものが多い。
(3)ツバキの葉の葉脈は網状脈である。

2 (3)トウモロコシ、ツユクサは、どちらも主根がなく、ひげ根である。芽生えのとき、子葉が2枚の植物は主根と側根をもつものが多く、子葉が1枚の植物はひげ根をもつものが多い。

(4)根毛は細いので、土の小さな隙間に広がることができ、その分、土の中の水や水に溶けた肥料分を多くとり入れることができる。
(5)根には、水を体内にとり入れたり、体を支えたりするはたらきがある。

③ (1)(2)子葉の数、葉脈のようす、根のつき方は、関連づけて覚えておくこと。

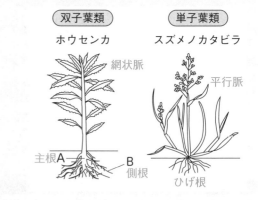

双子葉類 — ホウセンカ　　単子葉類 — スズメノカタビラ
網状脈　平行脈
主根A　B　側根　ひげ根

p.20
ぴたトレ1

1 ①胚珠 ②花粉のう ③種子 ④花粉 ⑤ない ⑥受粉 ⑦果実

2 ①裸子植物 ②被子植物 ③胚珠 ④胚珠 ⑤子房 ⑥胚珠 ⑦多い

考え方 1 (1)りん片の「りん」は「鱗(うろこ)」の音読みである。
2 (1)「裸子」は子(胚珠)が裸、被子は子(胚珠)が被われているという意味である。

p.21
ぴたトレ2

1 (1)A雌花 B雄花 (2)胚珠 (3)花粉のう (4)ⓑ (5)ⓐ (6)ウ

2 (1)裸子植物 (2)裸子植物 (3)被子植物 (4)イ (5)ウ

考え方 1 (1)枝の先についているほうが雌花である。枝の先についているので、風によって運ばれてきた花粉がつきやすい。
(2)～(4)雌花のりん片には、胚珠がついている。雄花のりん片には、花粉が入った花粉のうがついている。
(5)受粉後に種子になるのは、サクラやアブラナと同じように、胚珠である。

(6)マツの花には，サクラやアブラナとちがって子房がないので，果実はできず，種子はむき出しである。
2 (1)胚珠がむき出しになっている植物が裸子植物，胚珠が子房の中にある植物が被子植物である。
(5)花粉は虫によって運ばれたり，風によって運ばれたりする。風によって花粉が運ばれる植物の花を風媒花といい，虫によって花粉が運ばれる花を虫媒花という。裸子植物は多くが風媒花である。なお，鳥によって花粉が運ばれる花は鳥媒花という。

---

p.22 **ぴたトレ1**

1 ①シダ植物　②コケ植物　③胞子
④胞子のう　⑤雌株　⑥雄株

2 ①種子　②子房　③子葉　④双子葉類
⑤被子植物　⑥種子植物

考え方
1 (3)胞子のうの「のう」は「嚢（ふくろ）」の音読みである。
2 双子葉類は，花弁が互いに離れている離弁花，花弁がくっついている合弁花に分けることもできる。

---

p.23 **ぴたトレ2**

1 (1)シダ植物　(2)イ　(3)B胞子のう　C胞子
(4)コケ植物　(5)Y　(6)ⓐ　(7)胞子

2 (1)ウ　(2)マツ…裸子植物　サクラ…双子葉類

考え方
1 (1)シダ植物には，イヌワラビの他に，スギナ，ヘゴ，ゼンマイなどがある。
(2)イヌワラビの地上に見える部分はすべて葉で，茎は地下にある。
(4)コケ植物には，ゼニゴケの他に，スギゴケなどがある。
(5)(6)ゼニゴケには，胞子のうがある雌株と，胞子のうがない雄株がある。ゼニゴケからつき出したものの先端に広がった部分を比べると，雌株のほうが雄株よりも切れこみが深い。

---

2 (1)植物は種子をつくるものと，種子をつくらないものに分けることができ，そのうち種子をつくる植物を，種子植物という。種子植物は，胚珠が子房の中にある被子植物と，胚珠がむき出しになっている裸子植物に分けることができる。
(2)子葉が2枚あるサクラは双子葉類，子葉が1枚のユリは単子葉類に分類される。

---

p.24～25 **ぴたトレ3**

1 (1)記号…D　名称…やく
(2)記号…A　名称…子房
(3)種子植物　(4)イ　(5)雄花ⓑ　りん片㋐
(6)記号…ⓔ　名称…胚珠
(7)マツの花には子房がないから。

2 (1)芽生えB　葉脈D　根E　(2)㋐，㋓
(3)網状脈
(4)花弁がくっついているか，互いに離れているか。

3 (1)右図
(2)B，D，F，G，H
(3)①○　②×　③×

考え方
1 (1)花粉が入っているのは，おしべの先端のやくである。図のAは子房，Bは胚珠，Cは柱頭，Dはやく，Eは花弁，Fはがくである。
(2)果実になるのは子房である。めしべの根元の膨らんだ部分が子房にあたる。
(4)イヌワラビはシダ植物なので，種子をつくらず胞子でふえる。
(5)マツの雌花は風で運ばれてくる花粉を受けとりやすいように，枝の先端に咲く。雄花は，雌花よりも根元のほうに咲く。また，雄花のりん片は花粉のうがついている。
(6)アブラナのBは胚珠で，マツの花では雌花のりん片の㋐が胚珠である。
(7)受粉後に成長して果実になるのは子房である。裸子植物のマツには子房がないので，果実はできない。

❷(1)(3)図で，Aは双子葉類の芽生え，Bは単
子葉類の芽生え，Cは双子葉類の網状脈，
Dは単子葉類の平行脈，Eは単子葉類の
ひげ根，Fは双子葉類の主根と側根のよ
うすである。

(2)ヒマワリとホウセンカは子葉が2枚の双
子葉類，トウモロコシとツユクサは子葉
が1枚の単子葉類である。

(4)双子葉類は，花弁がくっついている合弁
花を咲かせるものと，互いに離れている
離弁花を咲かせるものに分けられる。

❸(1)Bのユリは単子葉類なので，平行脈であ
る。

(2)果実ができるのは，子房をもつ被子植物
の単子葉類と双子葉類があてはまる。し
たがって，B，D，F，G，Hが正解に
なる。

(3)②図の植物のうち，種子をつくらず胞子
でふえるのは，Aのスギゴケ（コケ植物）
とEのイヌワラビ（シダ植物）の2つだけ
で，それ以外は全て種子をつくる種子植
物である。

③根がひげ根になるのは単子葉類で，B，
Gがあてはまるので誤り。

ぴたトレ1

1 ①脊椎動物 ②無脊椎動物 ③背骨 ④筋肉
⑤魚 ⑥両生 ⑦は虫 ⑧鳥 ⑨哺乳
⑩肺 ⑪卵生 ⑫水中 ⑬乳

考え方 1 ①脊椎は，動物の背骨の部分を指すことば
である。「脊」を「背」と書かないように注
意する。

ぴたトレ2

❶(1)脊椎動物
(2)A両生類 B鳥類 C哺乳類 D魚類
Eは虫類
(3)無脊椎動物

❷(1)D (2)子⑦，⑦ おとな⑦，⑦ (3)A
(4)C，E (5)卵生 (6)A，C，D，E
(7)B

考え方 ❶(1)(3)背骨のある動物を脊椎動物，背骨のな
い動物を無脊椎動物という。

(2)脊椎動物には，魚類，両生類，は虫類，
鳥類，哺乳類の5つのグループがある。

❷ Aは鳥類，Bは哺乳類，Cは魚類，Dは両
生類，Eはは虫類である。

(1)(2)両生類は，子のときは水中で生活し，
えらと皮ふで呼吸をする。おとなになる
と陸上で生活するようになり，肺と皮ふ
で呼吸するようになる。

(3)(4)魚類の体はうろこで覆われている。両
生類の皮ふは湿っていてうろこはない。
は虫類の体はかたいうろこで覆われてい
る。鳥類の体は羽毛で覆われている。哺
乳類の体はふつう，やわらかい毛で覆わ
れている。

(5)(6)脊椎動物の子の生まれ方には，雌が体
外に卵を産み，その卵から子がかえる卵
生と，雌の体内で受精した卵が育ち，子
としての体ができてから生まれる胎生が
ある。胎生は哺乳類だけで，他のグルー
プは卵生である。

(7)生まれた子がしばらくの間，雌の親の乳
で育てられるのは哺乳類である。

ぴたトレ1

1 ①草食 ②肉食 ③門歯 ④臼歯 ⑤犬歯
⑥門歯 ⑦立体的 ⑧側方 ⑨広い ⑩前方
⑪距離 ⑫門歯（前歯） ⑬草 ⑭犬歯

考え方 1 草食動物と肉食動物で，爪のようす，歯の
形，目のつき方などにちがいがある。

ぴたトレ2

❶(1)シマウマ (2)ライオン
(3)ライオン⑦ シマウマ⑦

❷(1)Y (2)ⓐ…⑦ ⓑ…⑦ ⓒ…⑦
(3)X⑦ Y⑦ (4)⑦

考え方 ❶(1)〜(3)左右の目で見える範囲が重なってい
るところは，ものを立体的に見ることが
できる。

❷(1)〜(3)Xは犬歯が発達し，とがった臼歯を
もっているので，獲物の肉を食いちぎる
肉食動物の頭骨である。一方，Yは門歯
と臼歯が発達しているので，草を食いち
ぎってすりつぶして食べる草食動物の頭
骨である。

(4)肉食動物は，獲物（他の動物）をしとめやすいように，とがった爪をもっているものが多い。⑦は草食動物のシマウマ，⑦はカモシカの爪のようすである。

p.30 **ぴたトレ1**

1 ①節足動物 ②甲殻類 ③昆虫類 ④水中 ⑤えら ⑥外骨格 ⑦気門 ⑧軟体動物 ⑨水中 ⑩外とう膜 ⑪えら ⑫無脊椎動物

2 ①脊椎動物 ②無脊椎動物 ③胎生 ④卵生

考え方
1 (1)節足動物ということばは，体やあしに多くの節がある動物という意味である。

<hr>p.31</hr> **ぴたトレ2**

1 (1)節足動物 (2)昆虫類 (3)気門 (4)甲殻類 (5)軟体動物 (6)⑦，⑦

2 (1)背骨 (2)は虫類 (3)胎生 (4)⑦ (5)⑦

考え方
1 (1)(2)節足動物のうち，バッタやチョウなどのなかまを昆虫類という。
(3)昆虫類の胸部と腹部には気門という穴があり，この穴から呼吸に必要な空気をとりこんでいる。
(4)節足動物のうち，ザリガニやカニのなかまを甲殻類という。
(6)タコやイカ，タニシやマイマイ（カタツムリ）も軟体動物のなかまである。

2 (1)動物は，背骨のある脊椎動物と，背骨のない無脊椎動物に分けられる。
(2)脊椎動物には，哺乳類，鳥類，は虫類，両生類，魚類の5つのグループがある。
(4)両生類は，子のときは水中で生活し，おとなになると陸上で生活するようになる。
(5)⑦のイカは軟体動物，⑦のヤモリはは虫類，⑦のクラゲは節足動物にも軟体動物にも含まれない無脊椎動物である。

<hr>p.32〜33</hr> **ぴたトレ3**

1 (1)A哺乳類 E魚類 (2)D，E (3)A，B (4)⑦

2 (1)ライオン
(2)広い範囲を見張ることに役立っている。
(3)①⑦ ②⑦ ③⑦

3 (1)背骨をもつかもたないか。
(2)無脊椎動物 (3)⑦，⑦，⑦
(4)気門から空気をとり入れる。
(5)胎生 (6)⑦，⑦
(7)①サル ②アサリ ③トカゲ ④カモ ⑤チョウ ⑥イモリ

考え方
1 (1)一般に，1回に産む卵（子）の数が少ないほうから，哺乳類（A），鳥類（B），は虫類（C），両生類（D），魚類（E）となる。
(2)一般に，水中に卵を産む動物は産卵数が多く，脊椎動物では魚類と両生類があてはまる。
(3)1回に産む卵（子）の数が少ない動物は，親が子の世話をすることが多い。
(4)動物の子は，小さいときほど他の動物に食べられやすい。また，1回に産む卵（子）の数が少ない動物では，幼いうちは親が子の世話をするが，ほとんどは大きくなると親の世話を受けなくなる。

2 (1)立体的に見えるのは，両目で見える範囲である。目が側方に向いているシマウマよりも，前方を向いているライオンのほうが両目で見える範囲は広くなる。
(2)シマウマは目が側方に向いているので，後方まで見ることができる。
(3)門歯はヒトの前歯，臼歯はヒトの奥歯にあたり，犬歯は門歯と臼歯の間にある。

3 (1)(2)Aは背骨のない無脊椎動物，Bは背骨のある脊椎動物である。
(3)Cは無脊椎動物のうち，軟体動物のグループである。体が外骨格で覆われているのは節足動物である。
(4)Dは節足動物であり，カニは甲殻類，チョウは昆虫類である。昆虫類は胸部や腹部に気門があり，ここからとり入れた空気を体中に送って呼吸している。
(5)Eは卵生，Fは胎生である。
(6)Gは水中に殻のない卵を産み，IとJの子はえらで呼吸する。体の表面がうろこで覆われているのはIとKである。
(7)①が哺乳類，②は軟体動物，③はは虫類，④は鳥類，⑤は昆虫類，⑥は両生類である。

物質のすがた

p.34 ぴたトレ1

1 ①メスシリンダー ②真横 ③$\frac{1}{10}$

2 ①0 ②薬包紙 ③低い ④$\frac{1}{10}$

3 ①開く ②閉まる ③閉まって ④ガス
⑤ガス ⑥空気 ⑦青

考え方
1 (1)メスシリンダーの「メス」は，ドイツ語で
「測る」という意味である。

2 (1)電子てんびんは，水平なところに置いて
使う。

3 ガスバーナーの火を消すときは，火をつけ
るときとは逆に，空気調節ねじ→ガス調節
ねじ→コック，元栓の順に閉める。

p.35 ぴたトレ2

1 (1)メスシリンダー (2)イ (3)58.0 mL

2 (1)電子てんびん (2)薬包紙
(3)(表示を)0にしておく。

3 (1)B (2)ⓐ (3)ウ→オ→イ→エ→ア

考え方
1 (2)メスシリンダーの目盛りを読みとるとき
は，液面の最も低い位置を，真横から見
て読みとる。

(3)最小目盛りの$\frac{1}{10}$まで目分量で読みとる。
目盛りちょうどのときは，「58.0」のよう
に小数第一位を0とする。

2 (2)薬包紙の代わりに容器を使うこともある。

(3)電子てんびんは，水平な台の上に置き，
はかる前に表示を0にする。薬包紙を使
うときは，薬包紙をのせてから表示を0
にする。

3 (1)ガスバーナーでは，上側のねじが空気調
節ねじ，下側のねじがガス調節ねじであ
る。

A空気調節ねじ

Bガス調節ねじ

(2)調節ねじを開くときは左に，閉めるとき
は右に回す。

(3)火をつけるときは，
　1．ねじA・Bが閉まっているか確認する。
　2．ガスの元栓を開き，コックも開く。
　3．マッチに火をつけてから，ねじBを
　　開いて点火する(火は下から点火する)。
　4．ねじBを調節して，炎の大きさを適
　　切にする。
　5．ねじBを押さえて，ねじAを開き，
　　青い炎にする。

p.36 ぴたトレ1

1 ①物質 ②片栗粉 ③食塩 ④砂糖
⑤白くにごった。 ⑥溶けなかった。
⑦二酸化炭素

2 ①炭素 ②有機物 ③水 ④無機物
⑤有機物 ⑥無機物

考え方
1 (2)ヨウ素液はデンプンの有無を調べる試薬
である。ヨウ素液を加えた物質の色が青
紫色に変われば，片栗粉である。

2 (2)有機物を集気瓶の中で燃やしたとき，集
気瓶の内側がくもるのは，水が発生して
水滴となってつくからである。

p.37 ぴたトレ2

1 (1)黒色 (2)白くにごる。
(3)A食塩 B砂糖 C片くり粉 (4)C

2 (1)C，D，F (2)ウ (3)有機物 (4)水
(5)無機物

考え方
1 (1)砂糖と片栗粉は，加熱すると黒く焦げて
炭(炭素)になる。

(2)燃えたことから，B，Cは砂糖か片栗粉
のどちらかであることがわかる。砂糖と
片栗粉は有機物で，燃えると二酸化炭素
が発生する。石灰水は二酸化炭素にふれ
ると，白くにごる性質がある。

(3)加熱しても変化しないAは，食塩である。
また，B，Cのうち，水によく溶けるB
が砂糖，ほとんど溶けないCが片栗粉で
ある。

(4)デンプンを含むものは，ヨウ素液で青紫色に変化する。片栗粉は，主にジャガイモのデンプンからつくられている。

❷ C，D，Fは有機物，A，B，Eは無機物である。
(1)～(4)炭素を含む物質を有機物という。有機物は加熱すると燃えて，二酸化炭素や水を発生する。
(5)有機物以外の物質を無機物という。

---

p.38 ぴたトレ **1**

1 ①金属光沢　②展性　③延性　④電流　⑤熱　⑥非金属

2 ①質量　②密度　③g/cm³　④g/cm³　⑤質量　⑥体積

考え方
1(1)展性の「展」は，進展，発展など，「広げる」の意味をもつ漢字である。
2(3)g/cm³は，グラムパー立方センチメートルとも読む。

---

p.39 ぴたトレ **2**

❶ (1)金属光沢　(2)延性　(3)展性　(4)C，E
(5)E　(6)C，E　(7)非金属

❷ (1)18.0 cm³　(2)2.7 g/cm³
(3)アルミニウム　(4)135 g　(5)大きいほう

考え方
❶(1)金属には金属光沢がある。色は，白っぽいものや灰色っぽいものが多いが，銅のように赤っぽいものや，金のように黄色っぽいものもある。
(2)(3)延性の「延」は，延長の「延」であり，展性の「展」は展開の「展」である。
(4)金属には，電流が流れる性質がある。非金属には電流が流れるものがあまりないが，スポーツ用品などに使われる炭素繊維や，鉛筆の芯(炭素)などには電流が流れる。また，水にも電流が流れる性質があるように思うかもしれないが，純粋な水には電流が流れる性質がない。
(5)鉄以外に磁石に引きつけられる物質には，ニッケルやコバルトがある。

---

❷(1)メスシリンダーの目盛りを読みとると58.0 cm³なので，金属Xの体積は，
58.0 cm³ − 40.0 cm³ = 18.0 cm³
(2)密度 = $\dfrac{48.6\,g}{18.0\,cm^3}$ = 48.6 g ÷ 18.0 cm³
= 2.7 g /cm³
(3)金属Xの密度2.7 g /cm³は，表のアルミニウムの密度2.7 g /cm³と等しいので，金属Xはアルミニウムと考えられる。
(4)質量〔g〕= 密度〔g/cm³〕× 体積〔cm³〕より，
2.7 g /cm³ × 50.0 cm³ = 135 g
(5)体積が同じであれば，密度が大きい物質ほど質量は大きくなる。

---

p.40～41 ぴたトレ **3**

❶ (1)A空気　Bガス　(2)A⑦　B⑦
(3)⑦→⑦→⑦

❷ (1)食塩　(2)①二酸化炭素　②水　③有機物

❸ (1)①△　②○　③○　④✕　⑤○
(2)(鉄やアルミニウムなどの金属は)熱を伝えやすいから。

❹ (1)2.7 g /cm³　(2)①B　②E　(3)B
(4)密度が水より小さいから。

考え方
❶(1)(2)炎がオレンジ色のときは，空気(酸素)が不足しているので，Bのガス調節ねじを押さえて，Aの空気調節ねじを開く(ⓐの向きに回す)。

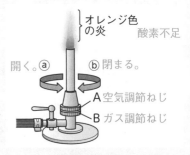

オレンジ色
の炎
酸素不足
開く。ⓐ　　ⓑ閉まる。
A空気調節ねじ
Bガス調節ねじ

(3)ガスバーナーの火を消すときは，火をつけるときとは逆に，空気調節ねじ→ガス調節ねじ→コック，元栓の順に閉める。
❷(1)全く燃えない物質は食塩(塩化ナトリウム)である。

(2)①有機物は炭素を多く含むので，燃える
と二酸化炭素を発生する。石灰水には，
二酸化炭素にふれると，白くにごる性
質がある。
②有機物が燃えると，水（水蒸気）もでき
ることが多い。

❸(1)①は，鉄やニッケルなど，一部の金属の
性質である。②③⑤は，すべての金属に
共通する性質である。また，金属はたた
くと広がり（展性），細かくくだけること
はない。よって，④は金属の性質にはあ
てはまらない。
(2)フライパンや鍋の加熱部分は，熱をよく
伝える金属でつくられている。

❹(1)密度 $= \dfrac{67.5\,\text{g}}{25.0\,\text{cm}^3} = 67.5\,\text{g} \div 25.0\,\text{cm}^3$
$= 2.7\,\text{g/cm}^3$
(2)体積が同じであれば，密度が大きい物質
ほど質量は大きくなる。よって，①は密
度が最小のもの，②は密度が最大のもの
を選べばよい。
(3)(4)密度が水の密度 $1.00\,\text{g/cm}^3$ より大き
ければ水に沈み，小さければ水に浮く。

p.42 **ぴたトレ1**

1 ①あおぐ　②水上置換法　③下方置換法
④上方置換法　⑤溶けにくい　⑥大きい
⑦小さい

2 ①酸素　②二酸化炭素　③にくい　④燃やす
⑤2　⑥少し　⑦酸　⑧石灰水　⑨激しく
⑩消える

考え方
1 (3)(4)二酸化炭素は，水に少ししか溶けない
ので，水上置換法でも，下方置換法でも
集めることができる。
2 (1)オキシドールは，過酸化水素を3％程度
含む水溶液のことである。

p.43 **ぴたトレ2**

1 (1)A上方置換法　B下方置換法
C水上置換法
(2)① B　② A　③ C
(3)手であおぐようにして嗅ぐ。

2 (1)ウ　(2)ア，ウ　(3)ア　(4)イ，ウ
(5)白くにごる。　(6)酸素

考え方
1 (1)(2)水上置換法…水に溶けにくい気体。
下方置換法…空気より密度が大きい気体。
上方置換法…空気より密度が小さい気体。
水上置換法は，集められた気体の量がわ
かりやすく，他の気体が混ざりにくいと
いう特徴があるので，最もよく用いられ
る。
(3)気体には有毒なものもあるので，直接嗅
がない。嗅ぐときは，手であおぐように
して嗅ぐ。
2 (1)酸素を発生させるには，二酸化マンガン
とうすい過酸化水素水（オキシドール）を
用いる。
(2)酸素は，色もにおいもなく，水に溶けに
くい。体積で空気の約2割を占める気体
である。
(4)二酸化炭素は，色もにおいもなく，水に
少し溶けて，水溶液は酸性を示す。密度
は空気より大きい。
(5)石灰水には，二酸化炭素にふれると白く
にごる性質がある。
(6)酸素には，ものを燃やすはたらき（助燃
性）があるので，火のついた線香を入れ
ると，線香が激しく燃える。二酸化炭素
を集めた試験管に火のついた線香を入れ
ると，線香の火は消える。

p.44 **ぴたトレ1**

1 ①8　②水素　③アンモニア　④小さい
⑤にくい　⑥水　⑦小さい　⑧よく溶ける
⑨上方置換　⑩アルカリ

2 ①小さい　②燃料　③有機物　④腐卵
⑤酸　⑥黄緑　⑦下方置換　⑧脱色

考え方
1 (2)水素を発生させるときは，亜鉛の代わり
に鉄を使ってもよい。
2 (5)塩化水素は無色で特有の刺激臭がある。

ぴたトレ2

❶ (1)水素　(2)エ　(3)①爆発　②水

❷ (1)ア, ウ　(2)ア　(3)ア

❸ (1)ウ　(2)エ　(3)ア

考え方

❶(2)水上置換法は，水に溶けにくい気体を集めるときに使う。

(3)水素は，酸素と混ざった状態で火にふれると爆発して燃え，あとには水ができる。

❷(1)アンモニアは，塩化アンモニウムと水酸化ナトリウムを混ぜたものに少量の水を加えると発生する。

(2)酸性の水溶液は，青色リトマス紙を赤色に変える。また，アルカリ性の水溶液は，赤色リトマス紙を青色に変える。アンモニアは，水に溶けやすく，その水溶液はアルカリ性を示す。

(3)アンモニアは，空気より密度が小さい気体である。

❸(1)塩素は脱色作用や殺菌作用があるため，漂白剤やプールの殺菌などに使われる。

ぴたトレ3

❶ (1)ウ

(2)①液体Ｘ⑦　固体Ｙ⑪

②液体Ｘ⑦　固体Ｙ④

③液体Ｘ⑦　固体Ｙ⑩

(3)はじめに出てくる気体は，装置に入っていた空気を多く含むから。

(4)①二酸化炭素　②酸素

❷ (1)④　(2)アルカリ性　(3)④

(4)水に溶けやすい性質。

❸ (1)Ａ⑦　Ｂ④　Ｃ⑦　Ｄ⑪　Ｅ⑦

(2)B, C, D　(3)B, C, D　(4)D

(5)A, E

考え方

❶(1)図は，水を満たした試験管に発生した気体を送り，水と置き換えることで集める水上置換法である。水上置換法は，水に溶けにくい気体を集めるのに適している。

(3)1本目の試験管には，装置にもともと入っていた空気が多く含まれているので，気体の性質を調べる実験には使用しない。

(4)①石灰水を白くにごらせるのは，二酸化炭素の性質である。

②火のついた線香が激しく燃えるのは，助燃性のある酸素の性質である。

❷(1)アンモニアは，水によく溶けるので，水上置換法では集められない。また，密度が空気よりも小さいので，上方置換法で集める。

(2)(3)フェノールフタレイン液は，酸性と中性では無色で，アルカリ性では赤色になる。

(4)アンモニアは水に非常に溶けやすいので，フラスコの中に水を入れると，アンモニアが水に溶けて，フラスコの中のアンモニアの体積が減る。すると，体積が減った分フェノールフタレイン液を加えた水がフラスコの中へ吸い上げられ，噴水が起こる。

❸(5)青色のリトマス紙は，酸性の水溶液によって赤色に変わる。A～Eの気体のうち，水に溶けたときにその水溶液が酸性を示すのは，塩化水素と塩素である。

ぴたトレ1

❶ ①状態変化　②減る　③しない　④大きく
⑤大きい　⑥小さい　⑦大きい　⑧固体
⑨液体　⑩気体

❷ ①粒子　②運動　③規則正しく　④大きく
⑤大きい　⑥質量

考え方

❶(3)水のように，液体より固体のほうが密度が小さい物質はたいへん珍しい。

❷(1)物質は，その性質を示す小さな粒子がたくさん集まってできている。

ぴたトレ2

❶ (1)ウ　(2)変わらない。　(3)状態変化　(4)エ
(5)ア

❷ (1)ウ　(2)固体Ａ　気体Ｃ　(3)オ
(4)粒子そのものの数が変わらないから。

<table>
<tr><td>考え方</td><td>

1 (1)液体が冷えて固体になると，粒子どうしの距離が小さくなるので，物質の体積は小さくなる。

(2)(4)物質が状態変化すると，粒子の運動のようすは変化するが，粒子そのものの数や大きさは変化しない。

2 (1)(2)物質をつくる粒子が規則正しく並んだAは固体，粒子の位置が決まっておらず，動いているBは液体，粒子が激しく運動しているCは気体である。

(3)物質が状態変化するとき，ほとんどの物質で体積は，気体＞液体＞固体のように変化する。

(4)物質をつくる粒子の数や大きさは変化しないので，質量は変化しない。

</td></tr>
</table>

p.50 ぴたトレ1

1 ①0 ②100 ③変わらない ④沸点
⑤融点 ⑥純粋な物質 ⑦混合物
⑧ならない

2 ①蒸留 ②ⓐ ③ⓐ ④沸点

<table>
<tr><td>考え方</td><td>

1 (3)純粋な物質は，沸点や融点が決まっている。

2 (1)蒸留の実験では，急な沸騰を防ぐため，加熱する液体には沸騰石を入れる。また，火を消すときは，集めた液体が逆流するのを防ぐため，ゴム管が試験管の液体に入っていないことを確認する必要がある。

</td></tr>
</table>

p.51 ぴたトレ2

1 (1)X…0 Y…100 (2)X融点 Y沸点
(3)Aⓞ Dⓘ (4)純粋な物質 (5)混合物

2 (1)1本目ⓐ 3本目ⓒ (2)蒸留 (3)沸点

<table>
<tr><td>考え方</td><td>

1 (1)(2)固体がとけて液体になるときの温度を融点，液体が沸騰して気体になるときの温度を沸点という。水の融点は0℃，沸点は100℃である。

</td></tr>
</table>

(3)Xでは固体が液体に状態変化し，Yでは液体が気体に状態変化している。

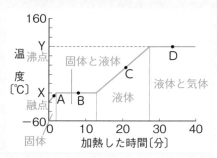

2 (1)液体の混合物を蒸留すると，沸点の低い物質の蒸気が先に出てくるので，沸点の低い物質を多く含む液体が先に集められる。エタノールの沸点は78℃，水の沸点は100℃である。

(3)純粋な物質は沸点が決まっている。蒸留は，この物質の沸点のちがいを利用して，混合物からそれぞれの物質を分けてとり出すことができる。

p.52～53 ぴたトレ3

1 (1)ⓑ・ⓓ・ⓕ
(2)①ⓐ ②大きくなった。
③変わらなかった。
(3)氷…大きくなる。 水蒸気…大きくなる。
(4)ⓐ

2 (1)X融点 Y沸点 (2)E (3)D (4)B

3 (1)沸騰石
(2)液体が急に沸騰して，飛び出すのを防ぐため。
(3)集めた液体が逆流するのを防ぐため。
(4)①× ②○ ③× ④○

<table>
<tr><td>考え方</td><td>

1 (1)気体を冷却すると液体または固体になり，液体を冷却すると固体になる。

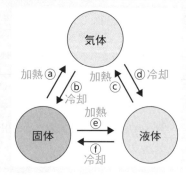

</td></tr>
</table>

(2)固体から気体になると，粒子(りゅうし)は激しく運動し，粒子どうしの距離が大きくなって体積は大きくなる。しかし，二酸化炭素の粒子そのものの数や大きさは変わらないため，質量は変化しない。

(3)物質が状態変化(じょうたいへんか)するとき，ほとんどの物質で体積は，気体＞液体＞固体のように変化する。ただし，水は液体より固体の方が体積が大きい。

(4)⑦は気体…粒子は自由に空間を動く。

⑦は固体…粒子はその位置を変えずに，その場で穏(おだ)やかに運動している。

⑦は液体…粒子はまわりの粒子と接しながら動くことができる。

❷(2)X（融点）が20℃よりも高い物質を選ぶ。

(3)X（融点）が−20℃よりも高く，Y（沸点(ふってん)）が20℃よりも高い物質を選ぶ。ただし，EはX（融点）が20℃よりも高いので，20℃では固体であることに注意する。

(4)エタノールは常温で液体の物質で，水よりも沸点が低いことから考える。

❸(2)沸騰(ふっとう)は，液体の内部からも蒸発が起こる現象である。沸騰石を入れて液体を加熱すると，沸騰石から空気の泡が出る。この泡が沸騰の核となるため，沸騰が穏(おだ)やかに行われる。

(4)①②④沸点の低いエタノールが先に蒸気になって出てくるので，ⓐにはエタノールが多く含(ふく)まれている。

③ⓒはほぼ水なので，エタノールのにおいはしない。

---

p.54 ぴたトレ1

❶ ①水溶液 ②透明 ③溶質 ④溶媒 ⑤溶解 ⑥溶液 ⑦水 ⑧粒子 ⑨変わらない

❷ ①溶解度 ②半分 ③飽和 ④飽和水溶液 ⑤温度 ⑥塩化ナトリウム

考え方

❶溶媒の「媒」は「仲立ち」の意味をもつ漢字である。(ようばい)

❷溶解度と温度との関係を表したグラフを，溶解度曲線という。(ようかいど)

---

p.55 ぴたトレ2

❶ (1)溶質 (2)溶媒 (3)溶解 (4)溶液 (5)⊥ (6)⊥

❷ (1)溶解度 (2)飽和水溶液

(3)①10℃…塩化ナトリウム 60℃…硫酸銅 ②ホウ酸 ③塩化ナトリウム

考え方

❶(1)〜(4)物質を液体に溶(と)かすとき，溶けている物質を溶質(ようしつ)，溶質を溶かしている液体を溶媒(ようばい)，溶けた液を溶液(ようえき)といい，溶媒が水の溶液を水溶液(すいようえき)という。

(5)溶質(ようしつ)の粒子は，水の粒子の中を散らばって動き回ることで，自然に全体に広がっていき，均一になる。

(6)一度均一になった粒子は，時間がたっても均一のままである。

❷(2)物質が溶解度まで溶けている状態を飽和(ようかいど)といい，このときの水溶液を飽和水溶液(ほうわ)という。(ほうわすいようえき)

(3)①水の温度が10℃のときの溶解度は，塩化ナトリウムが約36 gで最も多い。また，60℃のときの溶解度は，硫酸銅(りゅうさんどう)が約80 gで最も多い。

②水の温度が40℃のときの溶解度は，ホウ酸が約10 gで最も少ない。

---

p.56 ぴたトレ1

❶ ①結晶 ②規則正しく ③再結晶 ④数値差 ⑤蒸発 ⑥純粋

❷ ①溶質 ②濃度 ③質量パーセント濃度 ④溶質 ⑤水溶液 ⑥溶質 ⑦水（溶媒）

考え方

❶(5)塩化ナトリウムは，温度が変わっても溶解度(ようかいど)があまり変化しないので，水溶液を(すいようえき)冷やす方法では，結晶はほとんどとり出(けっしょう)せない。

---

p.57 ぴたトレ2

❶ (1)8.9 g (2)12.9 g (3)104.9 g

(4)再結晶 (5)蒸発させる。

(6)硝酸カリウム⊥ 塩化ナトリウム⑦

❷ (1)溶質…砂糖 溶媒…水

(2)質量パーセント濃度

(3)砂糖水A 25 % 砂糖水B 20 %

(4)砂糖水A

❶(1)表より，硝酸カリウムは40℃の水100gに63.9 gまで溶ける。よって，さらに溶かすことができる量は，

63.9 g − 55.0 g = 8.9 gである。

(2)表より，塩化ナトリウムは60℃の水100gに37.1 gまで溶ける。よって，溶け残る塩化ナトリウムの量は，

50.0 g − 37.1 g = 12.9 g

(3)表より，硝酸カリウムは80℃の水100gに168.8 gまで溶ける。また，40℃の水100 gに溶ける量は63.9 gなので，結晶として出てくる量は，

168.8 g − 63.9 g = 104.9 g

(6)㋐は硫酸銅，㋑はミョウバンの結晶を表したものである。

❷(1)溶質は溶けている物質，溶媒は溶質を溶かしている液体のことである。

(3)質量パーセント濃度 =

$$\frac{溶質の質量〔g〕}{水溶液の質量〔g〕} \times 100 である。$$

砂糖水A：$\dfrac{25\ g}{75\ g + 25\ g} \times 100 = 25$

砂糖水B：$\dfrac{30\ g}{120\ g + 30\ g} \times 100 = 20$

(4)同じ量の溶液に含まれる砂糖の量は，質量パーセント濃度が大きい方が多くなる。

---

❶(1)右図

(2)(砂糖が溶ける前後で，)砂糖の粒子の数は変わらないから。

(3)㋒　(4)17%　(5)50 g

❷(1)①㋓　②ろ過　(2)結晶　(3)再結晶

❸(1)B　(2)㋐

(3)水の温度の変化による溶解度の変化が小さいから。

❶(1)砂糖の粒子の数を変えずに，水の中に均一に散らばっているようにかく。

(2)砂糖の粒子そのものは変化しないことを述べる。

(4)$\dfrac{20\ g}{100\ g + 20\ g} \times 100 = 16.6\cdots$

---

(5)砂糖の質量は，20 gのままで変わらない。求める砂糖水の質量をx〔g〕とすると，

$$\frac{20\ g}{x} \times 100 = 40$$

20 g ÷ 0.4 = 50 g

❷(1)①ガラス棒を使ってろ紙に注ぎ，あしのとがった方をビーカーの内側につける。

(2)(3)規則正しい形をした固体を結晶といい，一度溶かした物質を再び結晶としてとり出すことを再結晶という。

❸(1)実験2からAが砂糖，実験3から，Bが硝酸カリウム，Cが塩化ナトリウムであることがわかる。

(2)飽和水溶液は，物質が限界まで溶けている水溶液のことである。グラフを見ると，砂糖は20℃の水に約204 g溶けるので，㋐が誤り。

身近な物理現象

❶①光源　②真っすぐ　③直進　④直接

❷①反射　②入射光　③反射光　④入射角

⑤反射角　⑥等しく　⑦反射の法則　⑧像

⑨対称　⑩延長　⑪像　⑫乱反射

❶(1)光源から出た光が，私たちの目に届くと光源が見える。

❷(8)ほとんどの物体の表面は凸凹しており，光は乱反射する。そのため，物体はあらゆる方向から見ることができる。

---

❶(1)光源　(2)光の直進　(3)㋒

(4)物体にはね返って目に届く。

❷(1)光の反射　(2)A入射角　B反射角

(3)㋑　(4)反射の法則

❸(1)㋑

(2)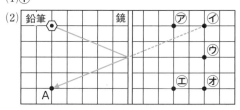

① (1)自ら光を出す物体を光源という。太陽も自ら光を出しているので光源といえる。

(3)(4)照明やタブレットは，画面から光が出ている。新聞紙やみかんは，自ら光を出さないので，お父さんやまさるさんは，照明から出て新聞紙とみかんではね返って目に届いた光を見ている。

② (2)入射角や反射角は，光が当たる面（物体の表面）と光の間にできる角ではなく，その面に垂直な線との間にできる角である。

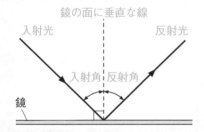

鏡の面に垂直な線

入射光　　　　　　　反射光

入射角｜反射角

鏡

(3)(4)入射角と反射角は常に等しくなる。これを，反射の法則という。

③ (1)鏡に映る像は，鏡の面に対して物体と対称の位置に見える。また，像の位置は，どこから見ても変わらない。

(2)像は，反射光の道筋を鏡の方に延長した直線上に見えるので，まずは，像から点Aに向かって直線を引く。その直線と鏡の表面の交点を実物の鉛筆と結び，鉛筆→交点→点Aと進むことを示す矢印をかき入れる。

p.62　ぴたトレ1

1 ①屈折　②屈折光　③小さい　④大きい
⑤境界面　⑥全反射

2 ①延長線上　②平行

1 (2)(3)入射角と屈折角の大小関係は，光が空気中からガラスや水に入る場合も，ガラスや水から空気中に出る場合も，空気中の角度の方が常に大きくなる。

p.63　ぴたトレ2

① (1)光の屈折　(2)⑦　(3)④　(4)全反射

② (1)①⑦　②⑦　(2)④

① (2)Bから入った光はAに向かって進み，一部は○で反射する。

(3)光が空気中からガラスに入るときは，屈折角は入射角より小さく，光がガラスから空気中に出るときは，屈折角は入射角より大きい。

(4)ガラスから空気中へ向かう光の入射角を大きくしていくと，屈折角が90°になるところで，光は空気中へ出ていくことなく，全て反射光になる。

② 10円玉から出た光は直進し，水面で屈折して目に届く。光は屈折光の延長線上から直進してくるように見える。

p.64　ぴたトレ1

1 ①凸レンズ　②大きく　③小さく　④像

2 ①光軸　②焦点　③焦点距離　④短い
⑤両側　⑥同じ　⑦焦点　⑧焦点　⑨光軸
⑩焦点　⑪直進　⑫平行

1 (1)凸レンズの「凸」は，突き出ているようす，膨らんでいるようすを表す漢字である。

2 (2)焦点を「F」の記号で表すことがある。これは，英語のfocal point（焦点）からきている。

p.65　ぴたトレ2

① (1)凸レンズ　(2)像
(3)実物より大きく見える。

② (1)焦点　(2)焦点距離　(3)④

③ (1)A⑦　B⑦　C④　(2)⑦

① (1)凸レンズは，ルーペの他に，顕微鏡やカメラにも使われている。

(2)(3)凸レンズで近くのものを見ると，拡大されて見える。また，遠くにあるものを見ると，小さくなって上下左右が逆さまに見える。

② (2)(3)凸レンズの中心から焦点までの距離を焦点距離という。焦点距離は，凸レンズの膨らみ方が大きいほど短くなる。

◆3 凸レンズを通る光の進み方

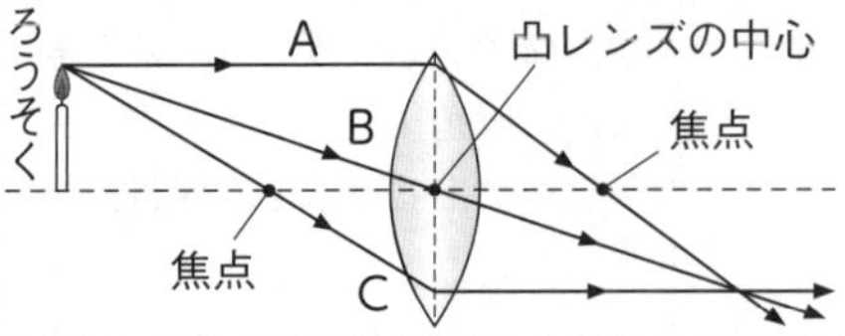

物体の１点から出た光は，凸レンズを通って１点に集まる。

p.66 ぴたトレ1

1 ①実像 ②遠く ③逆 ④虚像 ⑤近く ⑥同じ ⑦小さい ⑧逆向き ⑨同じ ⑩逆向き ⑪大きい ⑫逆向き ⑬できない ⑭大きい ⑮同じ

2 ①白色光 ②可視光線 ③赤い

考え方

1 (1)虚像(きょぞう)の「虚」は，中身や実体がないなどの意味をもつ漢字である。

2 プリズムとは，ガラスなどの透明(とうめい)な物質でできた，三角柱の多面体のことである。

p.67 ぴたトレ2

◆1 (1)実像 (2)10cm (3)㋑ (4)㋒ (5)㋐ (6)虚像

◆2 (1)白色光 (2)可視光線 (3)①黄 ②反射 (4)黒色

考え方

◆1 (1)実像(じつぞう)では，実際に像(ぞう)の位置に光が集まり，そこから光が出てきているので，像をスクリーンに映すことができる。

(2)〜(4)物体が焦点距離(しょうてんきょり)の２倍の位置にあるとき，実物と同じ大きさで上下左右が逆向きの実像ができる。

物体が焦点距離の2倍の位置にあるとき

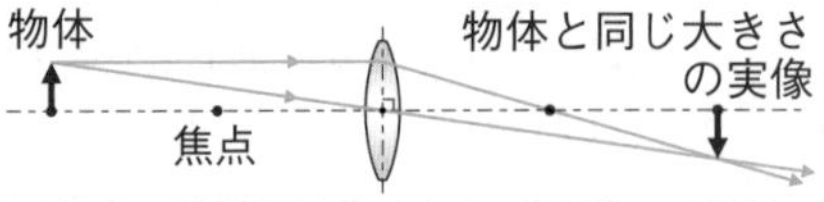

求める焦点距離は，AC間の距離(20 cm)の半分である。

20 cm ÷ 2 = 10 cm

(5)物体が焦点距離の２倍の位置と焦点の間にあるとき，実物よりも大きい上下左右逆向きの実像ができる。

物体が焦点距離の2倍の位置と焦点の間にあるとき

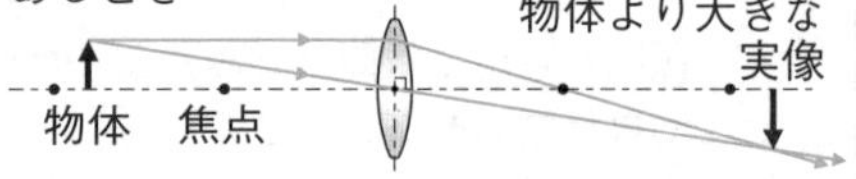

◆2 (1)白色光には，いろいろな色の光が含(ふく)まれている。プリズムを使うと，白色光が色ごとに分かれるようすを見ることができる。

(3)バナナが黄色に見えるのは，白色光に混ざっている黄色の光が，バナナの表面で強く反射(はんしゃ)され，それ以外の色の光の多くはバナナの表面で吸収されるからである。

p.68〜69 ぴたトレ3

❶ (1)右図 (2)右図 (3)３個

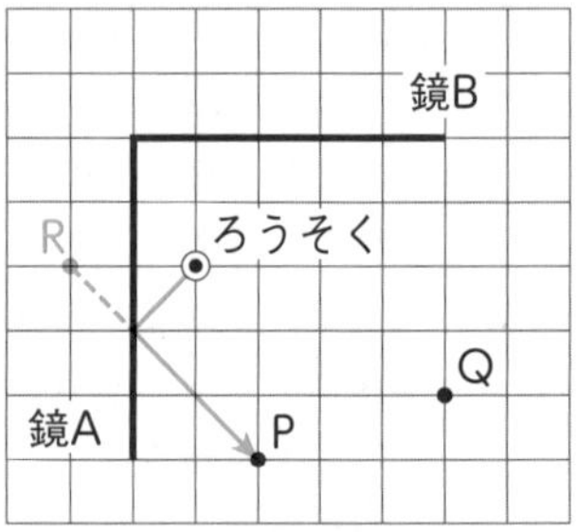

❷ (1)㋑ (2)右図

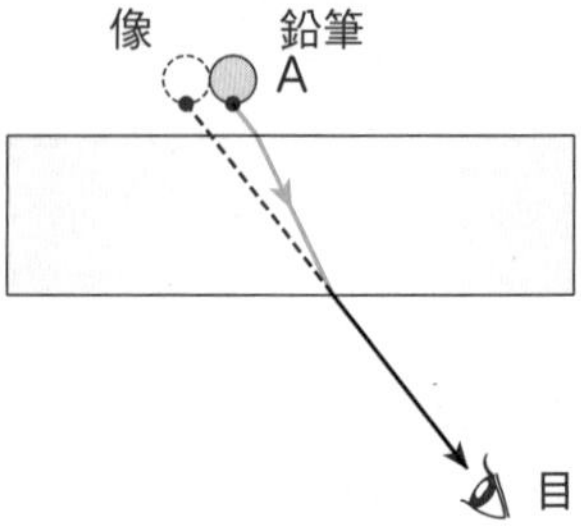

❸ (1)向きは上下左右逆向きで，大きさは同じになっている。

(2)①近くなった。 ②小さくなった。

(3)㋔

❹ (1)

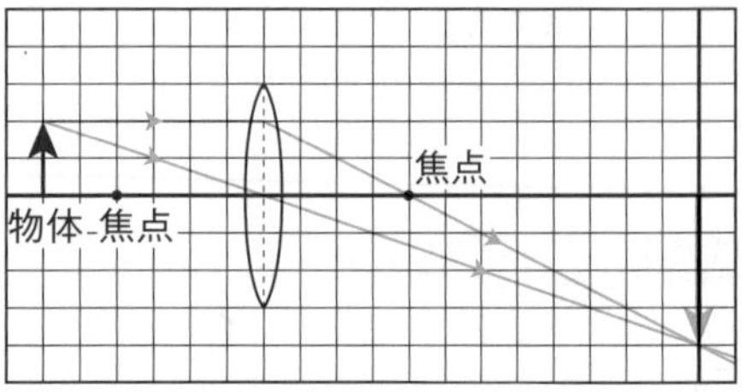

(2)

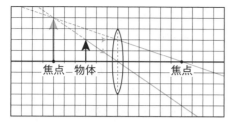

焦点－物体　　　　焦点

考え方

① (1)鏡に映る像は，鏡の面に対して物体と対称の位置に見える。

(2)像は，反射光の道筋を鏡の方に延長した直線上に見えるので，まずは，像から点Ｐに向かって直線を引く。その直線と鏡の表面の交点を実物のろうそくと結び，ろうそく→交点→点Ｐと進むことを示す矢印をかき入れる。

(3)鏡Ａのおくに１個（１回反射），鏡Ｂのおくに１個（１回反射），鏡ＡとＢの合わせ目に１個（２回反射）の３個の像が見える。

② (1)物体から出た光がガラスを通るときに２回屈折するために像（虚像）の位置が実物からずれる。

(2)鉛筆のＡから出た光のガラスへの入射角１と，ガラスを通って空気中に出るときの屈折角２が等しいので，鉛筆のＡから出た光と目のＢに入る光は平行になる。

鉛筆の像 ⦿ ⦿ ─Ａ

空気

入射角１

ガラス

屈折角１

入射角２

空気

Ｂ　屈折角２

③ (1)物体が焦点距離の２倍の位置にあるとき，実物と同じ大きさで上下左右が逆向きの実像ができる。

(2)物体を凸レンズから遠ざけるほど，像は小さくなる。また，像ができる位置は凸レンズに近くなる。

物体が焦点距離の２倍より遠くにあるとき

物体　　　　　　　　物体より小さい

焦点　　　　　　　　　実像

(3)物体が焦点の位置にあるとき，像はできない。

④ (1)まず，物体の先端から光軸に平行に進み，凸レンズで屈折して焦点を通る直線を引く。次に，物体の先端から凸レンズの中心を通る直線を引く。最後に，２つの直線が交わるスクリーン上の交点に向かって，光軸から上下逆向きの矢印をかく。

(2)まず，物体の先端から光軸に平行に進み，凸レンズで屈折して焦点へ進む直線をかき，物体側に直線をのばす。次に，物体の先端から凸レンズの中心に進む直線をかき，物体側に直線をのばす。最後に，２つの直線の交点に向かって，光軸から上下が同じ向きの矢印をかく。

p.70　　　　　　ぴたトレ1

1 ①音源　②振動　③液体　④固体　⑤抜いた
⑥小さく　⑦濃く　⑧うすく　⑨波　⑩鼓膜

2 ①340　②距離　③メートル毎秒　④物質
⑤速く　⑥遅い

考え方

1 (1)光を出す物体を光源というように，音を出す物体を音源という。

2 (4)光の速さは約30万km/sで，音が伝わる速さの約100万倍もある。

p.71　　　　　　ぴたトレ2

① (1)①音源　②振動している。　③空気
(2)⑦　(3)⑦，⑦，⑦

② (1)⑦　(2)約1020m　(3)約1.5秒

考え方

① (1)空気中で音を伝えているのは，空気である。

(2)図２では，音さＡと音さＢの間に板があるため，音さＡの振動が音さＢへ伝わりにくくなるので，音さＢの音は小さくなる。

(3)音は振動を伝える物質があれば伝わる。言い換えれば，空気を抜いた容器の中などでは，音を伝える物質がないため音は伝わらない。

② (1)光は１秒間に約30万km進むが，音は空気中では１秒間に340mしか進まない。

(2)340 m/s × 3 s = 1020 m

(3)510 m ÷ 340 m/s = 1.5 s

1 ①振幅　②大きい　③小さい
　④振動数(周波数)　⑤高い　⑥低い
　⑦短く　⑧強く　⑨細く
2 ①振幅　②振動数　③大きい　④小さい
　⑤高い　⑥低い

考え方
1 (3)振動数の単位には，ヘルツ(記号はHz)
　　が使われる。
2 音の波形は，音源の種類によって異なる。

❶ (1)弦を強くはじく。　(2)強くなる。
　(3)C　(4)D　(5)B，C　(6)A，D
❷ (1)振幅　(2)C　(3)B
　(4)振動数が等しいから。

考え方
❶ (1)振幅が大きいほど音が大きくなるので，
　　弦を強くはじいて振幅を大きくすればよ
　　い。
　(2)おもりが弦を引く力が大きくなるほど弦
　　の張りは強くなる。
　(3)音の高さは振動数によって決まり，振動
　　数が大きいほど高い音になる。振動数が
　　大きいのは，おもりが2個で弦の張りを
　　強くしている弦Bと弦Cである。この2
　　本を比べると，弦が振動する部分が短く
　　なっている弦Cが弦Bよりも振動数が大
　　きく高い音が出る。
　(4)振動数は弦の太さが細いほど大きくなる。
　　よって，おもりの数が少ないA，Dのう
　　ち，弦が太いDの振動数が最も小さくな
　　る。
　(5)振動する弦の長さ以外の条件が同じもの
　　を選ぶ。
　(6)振動する弦の太さ以外の条件が同じもの
　　を選ぶ。
❷ (2)振幅が大きいほど，音は大きい。音の波
　　形では，波の山の高さが振幅を表してい
　　る。
　(3)(4)同じ高さの音は振動数が等しいので，
　　Aと波形の波の数が等しいものを選ぶ。

❶ (1)空気があるかないかを確かめるため。
　(2)聞こえにくくなる。
　(3)聞こえるようになる。
　(4)何もない空間では音が伝わらない。
❷ (1)7分15秒　(2)335m/s
❸ (1)①強くはじく。　②大きく振動している。
　(2)⑦　(3)⑦　(4)強くする。
❹ (1)⑦　(2)⑦　(3)⑦

考え方
❶ (2)空気を抜いていくと，振動を伝える物質
　　が少なくなっていくため，音はしだいに
　　聞こえにくくなる。
　(3)再び空気を入れていくと，振動を伝える
　　物質が多くなっていくため，音はしだい
　　に聞こえるようになる。
　(4)容器内がほぼ真空状態になると，音もほ
　　とんど聞こえなくなり，再び空気を入れ
　　ると音が聞こえるようになることから，
　　音は振動を伝える物体がないと伝わらな
　　いことがわかる。
❷ (2)670 m ÷ (17 s − 15 s) = 335 m/s
❸ (2)弦を短くすると，振動数が大きくなる。
　(3)弦を太くすると，振動数が小さくなる。
❹ (1)(2)波形のグラフの見方

山(谷)から山(谷)の間が1回の振動

振幅

　(3)音さから出る音は大きさだけが小さくな
　　り，高さは変わらない。

1 ①形　②動き(①，②は順不同)　③支え
　④弾性力　⑤弾性　⑥摩擦力
　⑦磁力(磁石の力)　⑧電気の力　⑨重力
2 ①作用点　②大きさ　③ニュートン　④重力
　⑤面　⑥物体

考え方
1 (2)磁力，電気の力，重力は，物体どうしが
　　離れていてもはたらく力である。
2 (2)力の大きさを表す単位「ニュートン」は，
　　イギリスの物理学者，アイザック・ニュ
　　ートンの名前が由来である。

ぴたトレ2

① (1)⑦ (2)⑦ (3)⑦ (4)⑦

② (1)弾性力 (2)摩擦力 (3)重力

③ (1)作用点 (2)力の向き，力の大きさ

(3)4 cm

考え方

① 実際には，力のはたらきによって2つ以上の現象が見られることが多い。また，あらゆる物体には弾性があるので，力を加えられた物体は，どんなにかたい物体でもわずかに変形する。このような物体の変形はいろいろな場面で見られ，その結果，弾性力が生じる。

② (1)全ての物質は，ある限度の範囲で力を加えると変形し，弾性力を生じる。(その限度を超えると，変形がもとに戻らなくなったり，壊れたりしてしまう。)

(2)摩擦力は，物体の運動を変えようとする力の大きさに応じてその大きさを変化させるが，その大きさには限界があり，それより大きな力を加えると，物体の運動のようすが変化する。

③ (1)(2)力の3つの要素と矢印

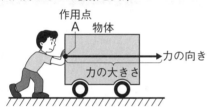

作用点
A　物体
力の向き
力の大きさ

(3)40 N ÷ 10 N = 4

ぴたトレ1

1 ①比例 ②フック ③した ④させた

⑤比例 ⑥目盛り ⑦直線

2 ①質量 ②グラム ③キログラム ④する

⑤ $\frac{1}{6}$

考え方

1 (4)測定値は，測定方法や測定器の影響で，真の値からずれてしまう。このときの真の値と測定値との差を誤差という。

2 (2)物体にはたらく重力の大きさは，ばねばかりではかることができる。

ぴたトレ2

① (1)1 N (2)誤差 (3)⑦ (4)比例の関係

(5)フックの法則 (6)8個

② (1)600 g (2)1 N (3)600 g

考え方

① (1)おもり1個は20 gなので，5個では
20 g × 5 = 100 gになる。100 gの物体にはたらく重力の大きさは1 Nである。

(3)グラフの直線は，多くの点の近くを通るように引く。測定値が誤差を含むので，測定値の印を結んだ折れ線グラフにしてはいけない。

(4)原点を通る直線のグラフは比例の関係を表す。

(6)表とグラフから，このばねはおもり1個につき1 cm伸びると考えられる。
1 cm × 8 = 8 cm

② (1)100 g × (6 N ÷ 1 N) = 600 g

(2)月面上では重力が $\frac{1}{6}$ になるので，ばねばかりは1 Nを示す。

(3)分銅に加わる重力も，おもりXと同じ6分の1になる。

ぴたトレ1

1 ①つり合っている ②等しい ③一直線上

④反対

2 ①重力 ②垂直 ③垂直抗力 ④垂直抗力

⑤摩擦力 ⑥糸 ⑦垂直抗力 ⑧摩擦力

考え方

1 (2)つり合うための3つの関係のうち，1つでも成り立たない関係があれば，力はつり合っておらず，物体は動いてしまう。

ぴたトレ2

① (1)⑦ (2)⑦ (3)⑦ (4)⑦，⑦

② (1)重力 (2)垂直抗力

(3)糸が物体を引く力 (4)摩擦力

考え方

① (1)1つの物体にはたらく2つの力がつり合う条件は，力の大きさが等しく，向きが反対で，一直線上にあることである。3つの条件を全て満たしているのは⑦である。

(2)力の大きさは，矢印の長さで表される。矢印の長さが等しくないのは⑦である。

(3)エの矢印は，向きが正反対になっていないので，つり合わない。

(4)ウは矢印の向きが平行に少しずれている。エは矢印の向きが斜めにずれている。

2 (2)机の上の物体のように，面に接している物体には，その物体の面に垂直な力が加わる。このような力を垂直抗力という。机の上の物体にはたらく重力は，垂直抗力とつり合っている。

(4)机の上にある物体を引いても動かないとき，物体を引く力は物体に加わる摩擦力とつり合っている。

❶ (1)C　(2)A，D　(3)B

❷ (1)右図

(2)下左図

(3)下右図

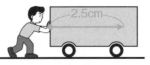

2.5cm

0.5cm

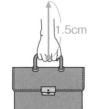

1.5cm

❸ (1)15.0cm

(2)右図

(3)比例の関係

(4)フックの法則

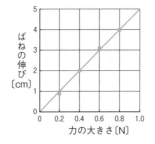

ばねの伸び〔cm〕 / 力の大きさ〔N〕

❹ (1)①垂直抗力

②5N

(2)ウ

考え方

❶ (2)物体の動きを変えるはたらきは，物体の向きや速さを変えたり，止まっている物体を動かしたりするはたらきである。

❷ 力の3つの要素を矢印で正しく表す。とくに，作用点の位置に注意する。

(1)作用点は台車を押す手の中心にとる。矢印の向きは押す面に対して垂直で，その長さは，

0.5 cm × (50 N ÷ 10 N) = 2.5 cm

(2)重力の作用点は，物体(ボール)の中心にとる。矢印の向きは鉛直下向きで，その長さは，

0.5 cm × (10 N ÷ 10 N) = 0.5 cm

(3)作用点は荷物を持つ手の中心にとる。矢印の向きは上向きで，矢印の長さは，

0.5 cm × (30 N ÷ 10 N) = 1.5 cm

❸ (1)表で，力の大きさが0 Nのときのばねの長さを読みとればよい。

(2)表からバネの伸びを求め，その値をグラフに・などの印で記入し，それぞれの印の近くを通るような直線を引く。

(3)グラフが原点を通る直線になるので，比例の関係であることがわかる。

❹ (1)①机の上の物体のように，面に接している物体には，その物体の面に垂直な力が加わる。このような力を垂直抗力という。机の上の物体にはたらく重力は，垂直抗力とつり合っている。

②つり合っている2つの力は，大きさが等しい。よって，垂直抗力の大きさは，重力の大きさと同じ5 Nである。

(2)1つの物体にはたらく2つの力がつり合う条件は，力の大きさが等しく，向きが反対で，一直線上にあることである。3つの条件を全て満たしているのはウである。

大地の変化

❶ ①1万　②活火山　③マグマ　④噴火
⑤水　⑥マグマ　⑦増加　⑧噴火
⑨火山噴出物　⑩火山ガス

❷ ①火山灰　②火山弾　③火山ガス
④溶岩　⑤穴　⑥マグマ

考え方

❷ 火山ガスと溶岩以外の火山噴出物のことを火山砕屑物と総称する。「砕屑」は，細かく砕けたもの，かけらといった意味のことばである。火山は，溶岩や火山砕屑物が積み重なってできている。

ぴたトレ2

1 (1)活火山　(2)マグマ　(3)ⓑ→ⓐ→ⓒ
(4)火山噴出物

2 (1)イ　(2)イ　(3)ウ　(4)火砕流

考え方

1 (2)地下にある岩石が高温（900℃〜1200℃）のため，どろどろにとけた物質をマグマという。

(3)地下の深いところにあるマグマには，水や二酸化炭素などの気体になる成分がとけこんでいる。マグマが上昇して浅いところにくると，とけきれなくなった気体成分が気泡として出始め，マグマの体積が増加する。このため，地下に閉じこめきれなくなったマグマが地表にふき出して，噴火となる。

2 (2)急速に冷えて固まった火山噴出物の表面には，火山ガスが抜けた穴が見られる。

(3)溶岩は火山噴出物であるから，噴出前のものは溶岩とはよばず，マグマである。マグマのうち，液状のものが地上に流れ出たものを，固まったものも含めて溶岩とよぶ。

ぴたトレ1

1 ①ねばりけ　②緩やか　③おわん　④黒
⑤白　⑥穏やか　⑦激しい　⑧強い　⑨弱い
⑩火山砕屑物　⑪弱い　⑫円錐形
⑬成層火山

考え方

1 火山の形を決めるのは，マグマのねばりけと火山砕屑物である。

ぴたトレ2

1 (1)マグマのねばりけ　(2)B　(3)B　(4)イ
(5)ア　(6)ウ

2 (1)決まらない。　(2)イ　(3)溶岩　(4)成層火山

考え方

1 (2)マグマのねばりけが強いと，溶岩は流れにくいので，火口近くに盛り上がって，おわんをふせたような形になる。

(3)ねばりけが強いマグマほど，冷えたときに白っぽくなる成分を多く含んでいる。

(5)マグマのねばりけが強い場合，固まった溶岩の表面はごつごつしている。逆に，ねばりけが弱い場合，固まった溶岩の表面は滑らかになる。

2 (1)火山の形は，マグマのねばりけでおよその形は決まるが，火山砕屑物の積もり方によって決まることもある。

(2)火山砕屑物が火口近くに降り積もると，火口を中心として円錐形の火山ができる。

(4)富士山は，成層火山の1つである。

ぴたトレ1

1 ①鉱物　②無色鉱物（白色鉱物）
③有色鉱物　④無色鉱物（白色鉱物）
⑤有色鉱物　⑥黒　⑦白

2 ①火成岩　②火山岩　③深成岩　④時間
⑤斑晶　⑥石基　⑦斑状組織　⑧等粒状組織

考え方

1 雲母は，日本語では「きらら」とも呼ばれ，岩石の中できらきらとした光沢をもつことから名付けられた。

ぴたトレ2

1 (1)①無色鉱物（白色鉱物）　②有色鉱物
(2)Aキ　Bイ　Cウ
(3)白っぽく見える。

2 (1)等粒状組織　(2)深成岩　(3)X斑晶　Y石基
(4)斑状組織　(5)火山岩　(6)A

考え方

1 (3)火山灰は有色鉱物が多いと黒っぽく見え，無色鉱物が多いと白っぽく見える。

2 (2)等粒状組織の火成岩は，深成岩である。

A　目に見えるほど，結晶が大きく成長している

(5)斑状組織の火成岩は，火山岩である。

B　斑晶　石基

(6)ゆっくりと冷え固まると，マグマの中の鉱物は大きな結晶に成長し，等粒状組織をもつ深成岩ができる。

1 ①鉱物　②黒っぽい　③白っぽい　④玄武岩　⑤安山岩　⑥斑れい岩　⑦花崗岩

2 ①100　②溶岩流　③火砕流　④ハザードマップ

考え方 2 火口周辺に雪が積もっているときに噴火が発生すると，融雪型火山泥流とよばれる，火山噴出物ととけた雪とが一体となって流れ下る現象が発生することがある。

1 (1)Aウ　Bエ　Cイ　Dア　Eオ　Fカ　(2)X長石　Yカンラン石　(3)C　(4)D

2 (1)①イ　②ア　③ウ　(2)ハザードマップ　(3)噴火警戒レベル

考え方 1 (1)火成岩の色。

	黒っぽい………白っぽい		
火山岩	玄武岩	安山岩	流紋岩
深成岩	斑れい岩	閃緑岩	花崗岩

(2)長石は全ての火成岩に含まれる。
(3)(4)斑状組織をもつのは火山岩，等粒状組織をもつのは深成岩である。

2 (1)火山ガスは長期間にわたって放出が続くことがあり，火口の風下の地域はとくに注意が必要である。融雪型火山泥流は，火口周辺に雪が積もっているときに噴火が起こると発生することのある現象である。

1 (1)マグマ　(2)水蒸気　(3)溶岩　(4)火砕流　(5)マグマに含まれていた気体成分が抜け出してできた。

2 (1)強い。　(2)ウ　(3)①水でよく洗う。　②無色鉱物

3 (1)ウ　(2)A火山岩　B深成岩

4 (1)石基　(2)等粒状組織

(3)マグマが地下で長い時間をかけてゆっくりと冷え固まってできたため。
(4)A玄武岩　B花崗岩　(5)石英

考え方 1 (2)火山ガスの大部分は水蒸気で，その他に二酸化炭素や二酸化硫黄なども含まれる。
(3)マグマが地上に流れ出たものは，とけた状態でも固まった状態でも溶岩である。
(5)溶岩にとけていた気体成分が気泡となり，気体が出ていったあとが穴となる。

2 (1)マグマのねばりけが強いと，溶岩は流れにくいので，火口近くに盛り上がって，おわんをふせたような形になる。
(2)マグマのねばりけが強いと，気体成分が抜け出しにくいため，爆発的な噴火になることが多い。
(3)①水洗いして，鉱物の表面をきれいにし，ある程度の大きさの粒だけにする。
②ねばりけが強いマグマは，ガラス成分（石英の結晶）が多く，固まったときに白っぽい色になる。

3 (1)(2)地表や地表近くでは，マグマが急に冷やされるので，結晶が十分に成長することができず，石基ができる。火成岩の色は固まったマグマの成分のちがいによる。

4 (1)(2)Aは斑状組織，Bは等粒状組織である。
(4)黒雲母は白っぽい火成岩，カンラン石は黒っぽい火成岩に比較的多く含まれている。
(5)長石はどの火成岩にも含まれている無色鉱物であるが，石英は，白っぽい火成岩に多く含まれている無色鉱物である。

1 ①震度　②10　③マグニチュード　④32　⑤地震　⑥震央　⑦震源　⑧震源域　⑨大きく　⑩小さく　⑪地盤

2 ①同心円　②遅く　③同じ　④速い　⑤震源　⑥時間

考え方 1 マグニチュードは本来「星の光度(等級)」という意味である。アメリカの地震学者チャールズ・リヒターが天文学にも親しんでいたことから「地震で発生されたエネルギー量」に引用したものである。

❶ (1)A震源　B震央
　(2)C震源断層　D震源域　(3)小さくなる。

❷ (1)C　(2)10段階　(3)マグニチュード
　(4)図1

❸ (1)同心円状　(2)7km/s

考え方

❶(3)ふつう震度は，震央付近で最も大きく，遠く離れるにつれて小さくなる。ただし，震源からの距離が同じ場所でも，地盤の性質や地震波の周期などによって揺れ方が異なることもある。

❷(1)地震の揺れの広がり方は，震央を中心としてほぼ同心円状になる。
　(2)日本の震度階級は0〜7で表され，5と6は強と弱に分けられている。
　(4)震源が同じような位置の場合，マグニチュードが大きいほど，震央付近の震度が大きく，揺れの伝わる範囲が広くなる。

❸(2)56 km ÷ 8 s = 7 km/s

1 ①初期微動　②主要動　③P波　④S波
　⑤初期微動　⑥主要動　⑦初期微動継続時間
　⑧長く

2 ①液状化　②津波　③隆起　④沈降
　⑤緊急地震速報　⑥津波警報

考え方

1 「P波」は，Primary wave（最初に来る波），「S波」は，Secondary wave（次に来る波）の略である。

❶ (1)A…初期微動　B…主要動
　(2)A…P波　B…S波　(3)12秒

❷ (1)ウ　(2)イ　(3)長くなる。　　(4)B

❸ (1)①エ　②ウ　③ア　(2)緊急地震速報

考え方

❶(1)(2)地震計による地震の揺れの記録

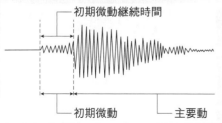

(3)主要動が始まった時刻（S波が届いた時刻）から，初期微動が始まった時刻（P波が届いた時刻）を引けばよい。

37 s − 25 s = 12 s

❷(1)ⓐはP波，ⓑはS波の伝わり方を表したグラフである。P波とS波は震源から地震の発生と同時に出る。
　(2)(3)初期微動継続時間は，P波とS波の到達時刻の差である。P波とS波の伝わる速さは，それぞれほぼ一定であるから，初期微動継続時間は，震源からの距離にほぼ比例するといえる。
　(4)震源（震央）から近いほど，震度が大きいことが多い。

❸(1)②液状化は，埋立地や川沿いなどの水を含むやわらかい土地で起こりやすい。
　③広い範囲で地面がもち上がることを隆起，沈むことを沈降という。規模の大きい地震では，地面にずれができて何kmも続くこともある。

❶ (1)震央　(2)ⓐ
　(3)①マグニチュード　②A
　③広い範囲で揺れが観測され，震央付近の震度が大きいから。

❷ (1)A 10秒　B 20秒　(2)150km
　(3)5km/s　(4)8時29分55秒

❸ (1)5秒　(2)下図　(3)比例

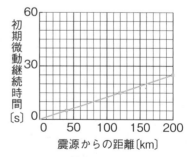

(4)15時31分45秒

❹ (1)①沈降　②隆起　(2)震源断層　(3)ウ

考え方

❶(1)震央は，最も早く地震の揺れが始まる地表の地点であるといえる。
　(2)ふつう，地震の揺れは，震源（震央）から離れるにしたがって小さくなる。

(3)③震源の深さがほぼ同じであるという条件があたえられているので,「広い範囲で揺れが観測される。」または「震央付近の震度が大きい。」でも正解とするが,両方が書かれている方が望ましい。

❷(1)初期微動継続時間をグラフから読みとる。

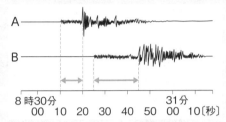

A…20 s − 10 s = 10 s
B…45 s − 25 s = 20 s

(2)P 波の伝わる速さと S 波の伝わる速さが,それぞれほぼ一定であるから,震源からの距離と初期微動継続時間は比例する。
75 km × (20 s ÷ 10 s) = 150 km

(3)P 波の伝わった速さは,
(150 km − 75 km) ÷ (25 s − 10 s)
= 5 km/s

(4)地点AにP波が伝わるのにかかった時間は,75 km ÷ 5 km/s = 15 s
地点Aが揺れ始めた15秒前に地震が起こった。

❸(1)(2)初期微動継続時間は,
A…55 s − 50 s = 5 s
B…15 s − 00 s = 15 s
C…35 s − 10 s = 25 s
値を表す点がはっきりわかるようにしてグラフをかく。

(4)地点Aと地点Bの震源からの距離の差は80 kmで,初期微動が始まった時刻の差は10秒なので,P波の速さは,
80 km ÷ 10 s = 8 km/s
地点AにP波が伝わるのにかかった時間は,40 km ÷ 8 km/s = 5 s
よって,地震が起こった時刻は地点Aに初期微動が伝わった時刻の5秒前である。

❹(1)ずっと高さが小さくなっているが,地震のときだけ高さが大きくなっている。地震によって隆起したと考えられる。

(3)海底に震源がある地震では津波に注意する。

p.100 **ぴたトレ1**

1 ①風化　②侵食　③運搬　④堆積　⑤V字谷
⑥三角州　⑦扇状地　⑧早く　⑨大きい
⑩小さい　⑪れき　⑫泥

2 ①古く　②新しい　③断層　④しゅう曲

考え方
2(2)かつて地震を引き起こした断層で,将来も再び地震を起こす可能性がある断層を活断層という。

p.101 **ぴたトレ2**

1 (1)①風化　②侵食　(2)①運搬　②堆積
(3)①C　②B　③A
(4)①地層　②れき　③ウ

2 (1)古い　(2)しゅう曲　(3)断層
(4)A⑦　B⑦

考え方
1(2)水のはたらきは,水が流れる速さによって変化する。

	上流A	中流B	下流C
流速	大きい←──────→小さい		
侵食	大きい←──────→小さい		
運搬	大きい←──────→小さい		
堆積	小さい←──────→大きい		

(4)②粒の大きいものほど重いため,早く沈む。粒の小さいものは潮の流れや波によって遠くまで運ばれる。
③海底にたまるときは,粒の大きいものから沈んでいくので,大きい粒は下に積もり,小さい粒は上に積もる。

2(1)ふつうは下にある層ほど古く,上にある層ほど新しい。また,古い地層ほど押し固められており,粒がしっかりと詰まってかたくなっていることが多い。
(2)比較的新しく堆積した,あまりかたくなっていない地層に両側から押すような力がはたらくと,しゅう曲が起こる。
(4)Bの断層は,斜面にそって滑り落ちたようにずれていることから,左右に引かれるような力がはたらいたと考えられる。断層は,地層に加わる力の向きによって,ずれ方が異なる。

ぴたトレ1

1 ①ボーリング ②柱状図 ③鍵層

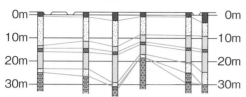

2 ①堆積岩 ②流水 ③丸み ④大きさ
⑤れき岩 ⑥砂岩 ⑦泥岩 ⑧凝灰岩
⑨生物の死がい ⑩石灰岩

考え方

1 (1)ボーリング調査の「ボーリング」は，英語
のboringで，意味は円筒状の穴をあけ
ることである。

2 (5)石灰岩とチャートの見分け方には，くぎ
などのかたいものでこすって，かたさを
比べる方法もある。

ぴたトレ2

1 (1)柱状図 (2)①鍵層 ②イ (3)B

2 (1)堆積岩 (2)Aれき岩 B砂岩 C泥岩
(3)ウ (4)凝灰岩 (5)石灰岩

考え方

1 (2)鍵層には，凝灰岩の層や化石を含む地層
がよく使われる。
(3)鍵層となる火山灰の層が横に一直線にな
るように，A〜Dの柱状図を並べる。地
表の面が上にある順に標高が高いので，
B→C→A・Dの順に高いことがわかる。

2 (2)主に2mm以上の土砂からできているも
のがれき岩，2mm未満の土砂でできて
いるもののうち，肉眼で粒が見えるもの
が砂岩，粒が見えないものが泥岩である。
(3)流された土砂が，たがいにぶつかったり，
川底や川岸にぶつかったりして崩れ，角
が削られる。

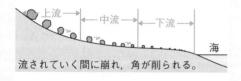

流されていく間に崩れ，角が削られる。

---

(5)生物の死がいなどが積もってできた岩石
には，石灰岩とチャートがある。このう
ち，うすい塩酸をかけたとき，気体(二
酸化炭素)が発生する方が石灰岩である。

ぴたトレ1

1 ①化石 ②示相化石 ③あたたかい ④河口
⑤陸地 ⑥海底

2 ①示準化石 ②広い ③地質年代 ④古生代
⑤中生代 ⑥新生代 ⑦急 ⑧浅い ⑨深い
⑩火山の噴火

考え方

1 (3)サンゴの化石は示相化石である。地層が
堆積した当時は，ごく浅いあたたかい海
であったことがわかる。

2 (3)人類が誕生したのは，新生代の後期であ
る。

ぴたトレ2

1 (1)泥岩 (2)C (3)①示相化石 ②ア

2 (1)示準化石 (2)ウ (3)地質年代
(4)A古生代 B新生代 C中生代

考え方

1 (1)河口に近い場所では水の動きが大きいの
で，沈む速さの遅い小さな粒は，堆積す
る前に河口から離れた沖合まで流されて
しまう。
(2)凝灰岩の層は火山灰などが堆積してでき
たものであるから，堆積した当時，火山
の噴火があったことがわかる。
(3)②サンゴのなかまは，あたたかくて浅い
海にすむ。

2 (2)すむ地域が狭い生物では，鍵層として地
層の比較に使えない。生物が栄えた期間
が長いと，地層が堆積した年代を特定で
きない。
(3)地球の歴史を，地層などをもとに区分し
たものを地質年代という。

ぴたトレ**1**

1 ①プレート　②海　③陸　④地震
　　⑤海溝　⑥浅く　⑦深く　⑧内陸　⑨小さい
　　⑩隆起

2 ①土石流　②地震　③マグマ　④地熱
　　⑤石灰岩

考え方

1(1)プレートの動きによって，さまざまな大
　　地の変動が起きているという考えを，プ
　　レートテクトニクス説という。

ぴたトレ**2**

1 (1)プレート　(2)ⓐ　(3)海嶺　(4)ⓦ
　　(5)海岸段丘

2 (1)①〇　②〇　③✕　(2)地熱発電　(3)ⓔ

考え方

1(2)プレートは主に，海底に分布する海のプ
　　レートと，大陸などを含む陸のプレート
　　に分けられる。海のプレートと陸のプレー
　　トが接するプレートの境界では，海の
　　プレートが陸のプレートの下に沈みこむ
　　ことになる。
　(4)陸のプレートと海のプレートの境界付近
　　でのゆがみが限界に達し，陸のプレート
　　がはね上がることで起こる地震が海溝型
　　地震である。日本付近の大きな地震は，
　　海溝型地震であることが多い。内陸型地
　　震は，陸のプレート内のゆがみによって
　　起こる地震で，海溝型地震と比べるとマ
　　グニチュードは小さい。

2(1)③震源が遠く，揺れを感じない地震であ
　　っても，遠方で発生した津波が到来し
　　て沿岸部に被害が発生することがある。
　(2)地熱発電は，マグマの熱で水を沸かし，
　　水蒸気でタービンを回して発電する。

ぴたトレ**3**

1 (1)A 断層　B しゅう曲　(2)①C　②A　③B
　　(3)ⓐ

2 (1)ⓔ　(2)泥岩
　　(3)流水によって運搬される間に粒がぶつかり
　　　合い，粒の角が削られたから。
　　(4)うすい塩酸をかけると気体（二酸化炭素）
　　　が発生する。
　　(5)凝灰岩　(6)ⓔ　(7)①D　②B　③A　④C

3 (1)E　(2)ⓔ　(3)①ⓕ　②示相化石
　　(4)①ⓕ　②示準化石

4 (1)Y　(2)Y
　　(3)陸のプレートが海のプレートに引きずりこ
　　　まれ，ひずみがたまるから。

5 (1)ⓐ，ⓒ，ⓔ　(2)①ⓒ　②ⓐ　③ⓑ

考え方

1(2)(3)どちらも左右から押されてできた変形
　　であるが，しゅう曲は断層よりもやわら
　　かい地層で起こりやすい。

2(1)泥の粒が最も小さく，れきの粒が最も大
　　きい。
　(2)小さい粒ほど遅く沈むので，水に運ばれ
　　やすい。
　(3)「侵食されたから。」「角がとれたから。」だ
　　けでは不十分である。
　(5)火山灰は広い範囲に降り積もり，火山の
　　噴火した時期を特定できる。
　(7)凝灰岩の位置をもとに考える。

3(1)地層はふつう，下から順に堆積するので，
　　断層やしゅう曲などがなければ，下の層
　　ほど古い。
　(2)上の層ほど粒が小さくなっているので，
　　水の動きが小さくなったと考えられる。
　(3)①シジミの生活環境から考える。
　(4)①アンモナイトは，中生代に限って広い
　　範囲に生息した，イカやタコのなかま
　　である。

4(1)(2)Xは内陸型地震，Yは海溝型地震であ
　　る。津波は海底の地形が変化することで
　　発生する。また，発生する地震のマグニ
　　チュードを比べると，海溝型地震の方が
　　大きい。日本付近のマグニチュード8〜
　　9の地震は海溝型地震である。

5(1)土石流は，火山の噴火の後に，山に堆積
　　した火山灰などが，雨などによって流動
　　化する現象である。
　(2)①火山岩や火山灰は，長い時間をかけて
　　風化して，カリウム，リンなどのミネ
　　ラル成分に富んだ土壌をつくる。
　　②地中にしみこんだ雨水は，断層や火山
　　堆積物の間から湧水となって現れる。
　　③マグマの熱は，温泉や地熱発電に活用
　　されている。

定期テスト予想問題
〈解答〉 p.112～127

p.112～113　　　　　予想問題 1

❶ (1)①ルーペ　②イ　(2)ウ

❷ (1)A花弁　Bがく　(2)受粉

　(3)C種子　D果実　(4)⑦, ⑦

❸ (1)双子葉類　(2)A網状脈　B平行脈

　(3)X主根　Y側根　(4)A

❹ (1)⑦　(2)ⓐ　(3)子房がないから。

❺ (1)種子をつくってなかまをふやすかどうか。

　(2)①D　②C　③B

考え方

❶ (1)ルーペは目に近づけて持ち，見たいもの
　　が動かせるときは，見たいものを前後に
　　動かしてピントを合わせる。
　(2)スケッチは，影をつけたり，線を重ねて
　　かいたりせず，1本の線ではっきりとか
　　く。

❷ (2)(3)Cは胚珠，Dは子房である。受粉する
　　と，胚珠は種子に，子房は果実になる。
　(4)花弁が互いに離れている花を離弁花とい
　　い，アブラナやエンドウ，バラなどがあ
　　てはまる。

❸ (1)被子植物は，子葉が2枚の双子葉類と，
　　子葉が1枚の単子葉類に分けられる。
　(2)双子葉類の葉脈は，網目状になっている
　　網状脈であり，単子葉類の葉脈は，平行
　　になっている平行脈である。
　(4)主根と側根があるのは双子葉類で，単子
　　葉類の根はひげ根である。

❹ (1)(2)枝の先端についている方が雌花である。
　　雌花のりん片には胚珠がついている。一方，
　　雄花のりん片には花粉のうがついている。
　(3)受粉して果実に成長するのは子房である
　　が，裸子植物のマツには子房がないので
　　果実はできない。

❺ (1)シダ植物とコケ植物は胞子でなかまをふ
　　やす。
　(2)イヌワラビはシダ植物である。

出題傾向

花のつくり，植物の分類が出題の中心になる。と
くに，被子植物と裸子植物のちがいや，単子葉類
と双子葉類のちがいはしっかり押さえておこう。

p.114～115　　　　　予想問題 2

❶ (1)魚類D　は虫類E　哺乳類C

　(2)①C　②A, E　③A

　(3)A⑦　B⑦

❷ (1)⑦, ⑦　(2)ライオン⑦　シマウマ⑦

　(3)距離をはかりながら，獲物を追いかけるこ
　　とができる。

❸ (1)E　(2)A, D　(3)⑦, ⑦

　(4)水中で生活し，えらで呼吸している。

考え方

❶ (1)Aは鳥類，Bは両生類，Cは哺乳類，D
　　は魚類，Eはは虫類である。
　(2)①②脊椎動物の中で，哺乳類は胎生であ
　　り，魚類・両生類・は虫類・鳥類は卵
　　生である。卵生である動物のうち，魚
　　類と両生類は水中に卵を産み，は虫類
　　と鳥類は陸上に卵を産む。
　　③体が羽毛で覆われているのは鳥類であ
　　る。哺乳類の体は毛でおおわれている。
　　は虫類と魚類の体はうろこで覆われて
　　いる。両生類の体は湿っていて，うろ
　　こや羽毛，毛はない。
　(3)Aの鳥類は一生を通じて肺で呼吸する。
　　Bの両生類は，子のときはえらと皮ふで
　　呼吸し，おとなになると肺と皮ふで呼吸
　　する。

❷ (1)ライオンのAは犬歯，Bは門歯，Cは臼
　　歯で，シマウマのDは犬歯，Eは門歯，
　　Fは臼歯である。ライオンの犬歯と臼歯
　　は，獲物の肉を食いちぎり，骨をかみ砕
　　く。シマウマの門歯は草や木を食いちぎ
　　り，臼歯は草や木を細かくすりつぶす。
　(3)ライオンのような肉食動物にとって，立
　　体的に見える範囲が広いことは，距離を
　　はかりながら，獲物を追いかけることに
　　役立つ。

❸ (1)(2)アサリは軟体動物であり，節足動物で
　　はない。節足動物には，アリやバッタな
　　どの昆虫類，カニやエビなどの甲殻類，
　　クモやサソリなどのクモ類のほか，ムカ
　　デ類，ヤスデ類なども含まれる。

(3)昆虫類の体は，頭部，胸部，腹部に分かれ，頭部には目，口，触角があり，腹部には3対（6本）のあしがある。昆虫類には肺はなく，胸部と腹部にある気門から空気をとり入れ，体中に空気を送って呼吸している。また，節足動物のなかまなので外骨格をもち，脱皮をすることで成長する。

(4)BもEも水中で生活する動物であり，えらで呼吸をする。なお，軟体動物の中でも，陸上で生活するマイマイ（かたつむり）やナメクジなどは肺で呼吸をする。

出題傾向
脊椎動物をいろいろな特徴によって分類する問題がよく出る。卵生か胎生か，えらで呼吸するか肺で呼吸するかなどの基準でどのように分類できるかを，表を使って整理してきちんと覚えておこう。

p.116〜117　　　　予想問題 3

1 (1)A空気（の量）　Bガス（の量）
　(2)①空気の量を適量まで多くすればよい。
　　②A⑦　B⑦
2 (1)水（水滴）　(2)白くにごった。
　(3)二酸化炭素　(4)B
3 (1)メスシリンダー　(2)⑦　(3)2.7 g /cm³
4 (1)A酸素　B二酸化炭素　C水素
　(2)線香が激しく燃えた
　(3)⑦　(4)水
　(5)①A，B，C　②B　③×

考え方
1 (1)(2)炎が黄色くゆらめいているときは，空気の量が足りていない。よって，空気調節ねじを開いて，空気の量を多くすればよい。

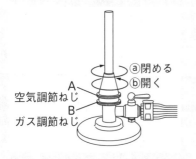

ⓐ閉める
ⓑ開く
A　空気調節ねじ
B　ガス調節ねじ

2 (1)食塩（塩化ナトリウム）は，無機物で燃えない。砂糖と片栗粉は，どちらも有機物であり，燃えて二酸化炭素と水ができる。
　(2)(3)石灰水が二酸化炭素にふれると白くにごる。
　(4)砂糖や食塩は水に溶けるが，片栗粉は水に溶けない。
3 (1)メスシリンダーは「メス（測定）」＋「シリンダー（筒）」という意味である。
　(2)金属Xの体積が15.2 cm³であるから，金属Xが沈んだときの水面は，
　40.0 cm³ + 15.2 cm³ = 55.2 cm³
　それぞれの水面は⑦…55.0 cm³，⑦…55.2 cm³，⑦…52.0 cm³，⑦…55.8 cm³，と読みとることができる。
　(3)40.9 g ÷ 15.2 cm³ = 2.69… g/cm³
4 (2)気体Aは酸素である。酸素にはものを燃やすはたらき（助燃性）があるので，火のついた線香を入れると，線香が激しく燃える。
　(3)二酸化炭素は，水に少し溶けるだけなので水上置換法で集めることができる。また，空気より密度が大きいので，下方置換法でも集めることができる。
　(4)水素と酸素が混ざると，火にふれたときに爆発して燃え，あとには水ができる。
　(5)酸素，二酸化炭素，水素はどれも色もにおいもない。また，酸素と水素は水に溶けにくい気体である。

出題傾向
さまざまな物質の性質について，酸素や二酸化炭素，アンモニアなどの気体の性質，発生方法と集め方などがよく出題される。水上置換法や下方置換法などの気体の集め方は，気体の性質（空気と比べた密度の大きさ，水への溶け方）から判断する。密度の計算もよく出題されるので，公式をしっかり押さえておこう。

❶ (1)融点　(2)混合物

　(3)とけている間の温度が一定ではないから。

　(4)変わらない。　(5)沈む。

　(6)ろうは，固体のときの密度が液体のときの
　　密度より大きいから。

❷ (1)蒸留　(2)沸騰石

　(3)出てきた気体を冷やすため。

　(4)ⓐ→ⓑ→ⓒ

　(5)沸点の低いエタノールから，気体となって
　　出てくるから。

❸ (1)右図

　(2)ウ

　(3)150 g

　(4)20%

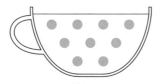

❹ (1)溶解度　(2)飽和水溶液　(3)塩化ナトリウム

　(4)硝酸カリウム　(5)再結晶

　(6)水溶液の水分を蒸発させる。

考え方

❶(2)(3)純粋な物質では，状態変化している間
　　の温度は変わらない。一方，混合物では，
　　融点や沸点は決まった温度にならない。

　(4)物質が状態変化すると，粒子どうしの距
　　離が変わるため，体積が変化する。しか
　　し，粒子の数や大きさは変わらないため，
　　質量は変化しない。

　(5)(6)一般に，液体が固体になると体積が小
　　さくなるので，密度は大きくなる。その
　　ため，固体のろうは液体のろうに沈む。
　　水は特殊な例であり，氷になると体積が
　　大きくなって密度が小さくなるので，氷
　　は水に浮く。

❷(3)ゴム管を通って出てくる気体を液体にす
　　るには，気体の温度を沸点より低くする
　　必要がある。

　(4)(5)沸点の低いエタノールが先に蒸気にな
　　って出てくるので，液体を集めた順にエ
　　タノールの割合が多い。

❸(1)砂糖が水に溶けて目に見えなくなっても，
　　集まって結晶をつくっていた粒子がばら
　　ばらになっただけで，砂糖の粒子そのも
　　のは変化しないので，砂糖の粒子の数を
　　Aと同じ（9個）にして，溶液全体に均一
　　に散らばっているようにかき表す。

(2)水溶液の性質（特徴）

　1.　透明である。（色がついていてもよい。）

　2.　どの部分も濃さが同じ（均一）である。

　3.　時間がたっても，1 と 2 の状態が変
　　わることはない。

　砂糖の粒子に，水の粒子が絶えず衝突し
ているので，一度溶けてばらばらになっ
た粒子が再びかたまりになることはない。

(3)溶媒と溶質が混じり合って溶液になって
　も，全体の質量は変わらない。

　120 g ＋ 30 g ＝ 150 g

(4)濃度は，溶質の溶液に対する割合で表す。
　溶媒に対する割合ではないことに注意す
　る。

$$\frac{30\ g}{150\ g} \times 100 = 20$$

❹(2)物質が溶解度まで溶けている状態を飽和
　といい，このときの水溶液を飽和水溶液
　という。

(3)水の温度が20℃のときの溶解度は，塩
　化ナトリウムが約36 gで最も多い。

(4)グラフより，硝酸カリウムは60℃の水
　100 gに約109 gまで溶ける。また，20
　℃の水100 gに溶ける量は約32 gなので，
　結晶としてとり出せる量は，

　109 g − 32 g ＝ 77 g

　ミョウバンは60℃の水100 gに約58 g
　まで溶ける。また，20℃の水100 gに
　溶ける量は約12 gなので，結晶として
　とり出せる量は，

　58 g − 12 g ＝ 46 g

　塩化ナトリウムは温度が変わっても溶解
　度はあまり変化しないので，飽和水溶液
　を冷ましても結晶はほとんど得られない。

(6)塩化ナトリウム水溶液は，冷やしても結
　晶がほとんど得られないので，水分を蒸
　発させることによって結晶を得る。

出題傾向

状態変化では，蒸留の実験をからめた出題がよく
出る。状態変化の概念を理解するだけでなく，実
験に用いる器具の名称や，実験上の注意点も合わ
せて確認しておくことが重要である。水溶液では，
再結晶の実験がよく出題される。溶解度の表や
グラフを正しく読みとれるように，繰り返し問題
を解いて慣れておこう。

1 (1)①ウ
　　②虚像
　(2)C，D
　(3)エ　(4)ウ

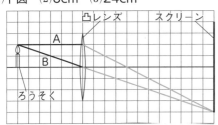

2 (1)(光の)屈折
　(2)右図

3 (1)下図　(2)8cm　(3)24cm

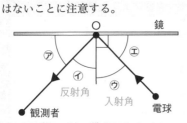

4 (1)ウ　(2)①20cm　②40cm

考え方

1 (1)入射角や反射角は，それぞれ入射光や反射光が，鏡の面に垂直な線との間につくる角であり，鏡の面との間につくる角ではないことに注意する。

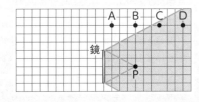

(2)鏡の反射光が届く範囲は，次の図のようになる。

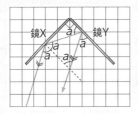

(3)次の図のように，鏡Xへの入射光と鏡Yでの反射光は，いつも平行になる。（aは鏡Xへの入射角）

(4)鏡に映る像は，鏡をはさんだ実物と対称の位置にできる。

2 (2)硬貨から出た光は直進し，水面で屈折して目まで届く。

3 (1)スクリーン上に実像ができる→光A・Bは，凸レンズを通過後スクリーン上の1点で交わる。
　1．Bはレンズを通過後，直進する。
　2．Aはレンズを通過後，Bとスクリーンの交点に向かって進む。
(2)光Aは光軸に平行に入射しているから，凸レンズを通過後，光軸上の焦点を通る。凸レンズの中心と焦点の間は4目盛りで，1目盛りは2cmである。
(3)スクリーンに映る像は小さくなる。

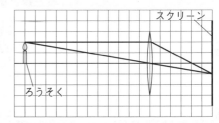

4 (1)凸レンズがつくる実像は，実物と上下左右が逆になっている。
(2)①凸レンズによる実像ができるのは，物体が焦点よりも遠くにあるときであり，焦点上にあるときは像ができず，焦点よりも近くにあるときは虚像ができる。
②実像が実物と同じ大きさになるのは，物体が焦点距離の2倍の位置にあるときである。
20 cm × 2 = 40 cm

出題傾向

鏡による光の反射，水（ガラス）による光の屈折，凸レンズによる像など，作図をともなう問題がよく出題される。中でも凸レンズの問題では，物体が焦点の内側にあるか外側にあるかによって像のでき方が異なることに注意する（実像・虚像）。

1 (1)1360 m
(2)音が空気中を伝わる速さは，光の速さよりはるかに遅いから。

2 (1)音源　(2)エ，オ　(3)ア

③ (1)A (2)D (3)C，D，E

④ (1)右図
(2)18cm
(3)⑦

⑤ (1)⑦
(2)⑦

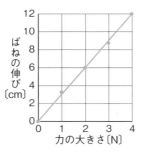

グラフ縦軸：ばねの伸び〔cm〕 横軸：力の大きさ〔N〕

考え方

① (1)340 m/s × 4 s = 1360 m
(2)光は1秒間に約30万km進むのに対して，音は空気中では1秒間に340mしか進まない。

② (2)弦を変えずに高い音を出すには，弦の長さを短くするか，弦を張る強さを強くすればよい。
(3)高い音は振動数が大きいので，波の山の数が図2より多い波形を選ぶ。

③ (1)変形した物体がもとの形に戻ろうとする性質を弾性といい，弾性によって生じる力を弾性力という。
(2)セーターなどで下じきをこすると，紙などを引きつける。これは下じきに電気がたまっているからである。電気がたまった物体に生じる力を電気の力という。

④ (1)表の値をグラフに・などの印で記入し，それぞれの印の近くを通るような直線を引く。
(2)グラフから，このばねは，1.0 Nにつき3.0 cm伸びると考えられる。
3.0 cm × 6 = 18 cm
(3)月面上では重力が地球上の6分の1になるので，質量300 g（おもり3個）の物体にはたらく月の重力の大きさは3 N×$\frac{1}{6}$ = 0.5 Nになる。ばねの伸びは，1 Nで3.0 cmなので，月面上でのばねの伸びは，
3.0 cm × 0.5 = 1.5 cm

⑤ (1)机の上にある物体を引いても動かないとき，物体を引く力は物体に加わる摩擦力とつり合っている。
(2)つり合っている2つの力は，大きさが等しい。よって，摩擦力の大きさは，糸が物体を引く力の大きさと同じ3 Nである。

p.124～125 予想問題 7

① (1)火山噴出物 (2)エ (3)A (4)①ⓑ ②ⓐ

② (1)A 石基 B 斑晶 (2)斑状組織 (3)火山岩
(4)⑦ (5)ⓒ

③ (1)P波…初期微動 S波…主要動
(2)下図

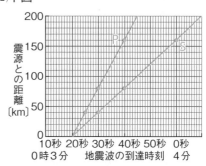

グラフ縦軸：震源との距離〔km〕 横軸：地震波の到達時刻

(3)⑦ (4)5秒 (5)15秒

考え方

① (3)石英や長石は無色鉱物であるから，白っぽいAを選ぶ。
(4)マグマのねばりけが弱いと，溶岩が流れやすいので，ⓐのような傾斜が緩やかな火山ができる。逆に，ねばりけが強いと，溶岩は流れにくいため，ⓑのようなおわんをふせた形の火山になる。

ねばりけ弱←‥‥‥‥‥‥‥‥→ねばりけ強
固まると黒っぽい←‥‥‥→固まると白っぽい
穏やかな噴火←‥‥‥‥‥‥‥→激しい噴火

② (4)(5)火山岩は，マグマが地表または地表付近で，短い間に冷えて固まったので，マグマが十分に結晶になれなかった。

❸(2)P波とS波の伝わる速さはそれぞれ一定なので，震源からの距離と地震が発生してからP波とS波による揺れが始まるまでの時間は，それぞれ比例する。

(3)(2)でかいたP波とS波のグラフが，横軸（震源からの距離が0）と交わったところの時刻を読みとる。

(4)初期微動継続時間は，S波が届くまでの時間からP波が届くまでの時間を引けば求めることができる。

30 s － 25 s ＝ 5 s（s は秒を表す記号）

(5)初期微動継続時間は，震源からの距離に比例する。

5 s × (120 km ÷ 40 km) ＝ 15 s

出題傾向

火山については，マグマの性質と火山の形，火成岩の種類を問う問題がよく出題される。表や図で整理してまとめておこう。地震については，震源からの距離とP波・S波の到達時刻や初期微動継続時間の関係についての問題が出やすい。問題を繰り返し解いて，計算のしかたをしっかり頭に入れておこう。

p.126～127   予想問題 8

❶ (1)①気温の変化・雨水　②侵食
(2)土砂をつくる粒の大きさによって，沈む速さがちがうから。
(3)①隆起　②上　③柱状図　④鍵層
❷ (1)粒の角が削られて丸みを帯びている。
(2)①④　②二酸化炭素　(3)①凝灰岩　②風
❸ (1)①示相化石　②示準化石
(2)あたたかく浅い海　(3)D
❹ (1)Aしゅう曲　B断層
(2)A　(3)プレート

考え方

❶(1)①気温の変化によって，岩石は膨脹や収縮を繰り返してもろくなったり，ひび割れたりする。そこに雨水がしみるとさらに風化が進む。植物が根をのばしたり，小動物が穴をあけたりすることも風化の原因となる。
②流水の3作用…侵食・運搬・堆積。

(3)②地層は下から順に上へ積み重なっていくので，ふつうは上の地層ほど新しい。
④鍵層としてよく使われるのは，化石を含む地層や凝灰岩の層である。

❷(1)流水によって運ばれた土砂は，粒どうしがぶつかったり，川底にぶつかったりして，角が削られる。
(2)①チャートのもとになっている放散虫やケイソウの殻は，石英と同じ二酸化ケイ素からできているのでかたい。
②石灰岩（石灰石）の主成分は炭酸カルシウムという物質で，うすい塩酸をかけると二酸化炭素が発生する。
(3)①火山灰は火山噴出物であるが，火山灰が堆積した岩石（凝灰岩）は堆積岩である。
②火山灰はとても小さいので高いところまで舞い上がり，地球を一周することもある。

❸(1)多くの（生態がわかる）生物の化石は，示相化石として使える。示準化石として使う場合は，その生物が短期間に栄えて絶滅し，広範囲に生息していた必要がある。
(2)水温が25～30℃のあたたかい浅い海にすむサンゴは，サンゴ礁をつくり，それが石灰岩の中などに化石として残ることがある。
(3)古生代の代表的な示準化石には，サンヨウチュウやフズリナがある。なお，アンモナイトは中生代，ビカリアは新生代の示準化石である。
❹(2)断層が直線状になって，しゅう曲した地層を切っていることから，しゅう曲が断層よりも先に起こったと考えられる。

出題傾向

露頭の観察から，地層ができた年代や環境を推定させる問題がねらわれやすい。化石や凝灰岩などを含む鍵層に注意が必要である。火成岩と堆積岩を対比する問題も出されるので，火成岩も復習しておこう。また，地震が起こるしくみについての問題もよく出る。プレートの運動と火山活動，地震を関連づけてまとめておこう。

赤シート×直前対策！

ぴたトレ mini book

テストに出る！

重要語句チェック！

理科1年　大日本図書版

理科で使う用語をまとめて確認
赤シートでかくしてチェック！

解説中の波線部（＿＿）は，この付録に掲載している用語を表しています。また，【→ 　】で，合わせて確認したほうがよい用語や，参照すべき図などを示しています。

◀ 「ぴたトレ mini book」は取り外してお使いください。

単元1

外骨格／ザリガニやカニ，クモなどのなかまがもつ，体を支えて内部を保護している体の外側のかたい殻

【→節足動物，内骨格】

外とう膜／軟体動物の体にある，内臓を包みこむやわらかい膜

花柱／めしべの一部で，子房の上の部分

【→図1】

花粉／被子植物のおしべのやくや，裸子植物の花粉のうに入っているもの

花粉のう／裸子植物の雄花のりん片についている，中に花粉が入っている袋

クモ類／節足動物のうち，クモやサソリなどのなかま

甲殻類／節足動物のうち，ザリガニやエビ，カニなどのなかま

合弁花／花弁がくっついている花
〔例〕アサガオの花，ツツジの花，タンポポの花

【→離弁花】

コケ植物／種子をつくらない植物で，ゼニゴケやスギゴケのような植物

【→表2】

骨格／脊椎動物において，体の中の，たくさんの骨が結合して組み立てられているもののこと

【→内骨格】

昆虫類／節足動物のうち，バッタやチョウなどのなかま

根毛／根の先端近くの細い毛のようなもの

シダ植物／種子をつくらない植物で，ワラビやスギナのような植物

【→表2】

子房／受粉するとやがて果実になる，めしべの根元の膨らんだ部分

【→図1】

主根／双子葉類に見られる，太い根

【→側根，ひげ根，表2】

種子植物／種子ができる植物

【→表2】

図1 花のつくり

図2 根のつくり

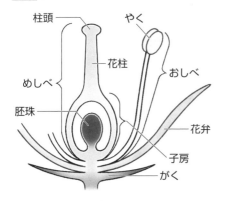

柱頭
やく
花柱
めしべ
おしべ
胚珠
花弁
子房
がく

主根と側根
ひげ根
側根
主根

受粉／被子植物において花の中にあるめしべの柱頭におしべの花粉がつくこと，裸子植物において胚珠に花粉がつくこと

脊椎動物／背骨がある動物

【→無脊椎動物，**表1**】

節足動物／外骨格をもち，体が多くの節からできていて，足にも節のある動物

【→クモ類，甲殻類，昆虫類】

双子葉類／2枚の対になった子葉をもつ植物

〔例〕ヒマワリ，ホウセンカ

【→単子葉類，**表2**】

側根／双子葉類に見られる，主根から出る細い根

【→ひげ根，**図2**】

胎生／雌の体内で受精した後に卵が育ち，子としての体ができてから生まれること

【→卵生，**表1**】

単子葉類／子葉が1枚の植物

〔例〕ツユクサ，トウモロコシ

【→双子葉類，**表2**】

柱頭／めしべの（花柱の）先の部分

【→**図1**】

虫媒花／虫によって花粉が運ばれる植物の花

【→受粉，風媒花】

内骨格／外骨格に対して，脊椎動物がもつ，体の内部の背骨を中心とした骨格のこと

表1 脊椎動物の特徴

	生活の場所	体の表面のようす	呼吸のしかた	子のうまれ方
魚類 例メダカ	水中	うろこ	えら	卵生
両生類 例カエル	水中・陸上	湿った皮ふ	子はえらや皮ふ / 親は肺や皮ふ	卵生
は虫類 例ヘビ	陸上	うろこ	肺	卵生
鳥類 例ハト	陸上	羽毛	肺	卵生
哺乳類 例サル	陸上	毛	肺	胎生

表2 植物の分類

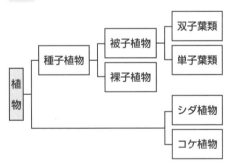

図3 葉脈

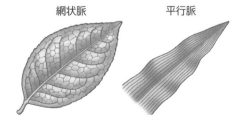

網状脈　　平行脈

軟体動物／無脊椎動物のうち，アサリのなかま(二枚貝)，マイマイやタニシのなかま(巻貝)，タコやイカのなかまなど，内臓とそれを包みこむ外とう膜，節のないやわらかいあしをもつもの

胚珠／受粉するとやがて種子になる，子房の中にある小さな粒

【→図1】

ひげ根／単子葉類に見られる，たくさんの細い根

【→主根，側根，図2】

被子植物／胚珠が子房の中にある植物

【→裸子植物，表2】

風媒花／風によって花粉が運ばれる植物の花

【→虫媒花】

平行脈／平行になっている葉脈

【→網状脈，図3】

胞子／胞子のうが熟すと周囲にまかれ，湿り気のあるところに落ちると発芽するもの

胞子のう／シダ植物やコケ植物で，胞子が入った袋

無脊椎動物／節足動物や軟体動物などが含まれる，背骨がない動物

【→脊椎動物】

網状脈／網目状になっている葉脈

【→平行脈，図3】

やく／おしべの先の，花粉が入っている小さな袋

葉脈／葉に見られるすじのようなつくり

【→平行脈，網状脈，図3】

裸子植物／胚珠がむき出しになっている植物

〔例〕イチョウ，スギ，ソテツ，マツ

【→被子植物，表2】

卵生／雌が体外に卵を産み，その卵から子がかえること

【→胎生，表1】

離弁花／花弁が互いに離れている花

〔例〕アブラナの花，エンドウの花，サクラの花

【→合弁花】

りん片／植物の体の表面にできる魚のうろこのようなつくり

延性／引っ張るとのびる性質

【→展性，**表3**】

下方置換法／水に溶けやすく，空気より密度が大きい気体を集める方法

【→上方置換法，水上置換法，**図4**】

金属／鉄やアルミニウム，銅，銀，金などのこと

【→非金属，**表3**】

金属光沢／金属を磨くと輝く性質

【→**表3**】

グラム毎立方センチメートル／密度の単位（記号g/cm³）

【→**式2**】

結晶／規則正しい形の固体

混合物／いろいろな物質が混ざり合っているもの

【→純粋な物質】

再結晶／一度溶かした物質を再び結晶としてとり出すこと

質量／場所によって変わらない物体そのものの量

質量パーセント濃度／水溶液の質量に対する溶質の質量の割合を百分率（%）で表した濃度

【→**式1**】

純粋な物質／1種類の物質からできているもの

【→混合物】

状態変化／物質の状態が固体，液体，気体と変わること

表3 金属の性質

①磨くと輝く（金属光沢）。

②たたくと広がり（展性），引っ張るとのびる（延性）。

③電流が流れやすく，熱が伝わりやすい。

式1 質量パーセント濃度の求め方

$$質量パーセント濃度〔\%〕=\frac{溶質の質量〔g〕}{水溶液の質量〔g〕}\times100$$

$$=\frac{溶質の質量〔g〕}{水（溶媒）の質量〔g〕+溶質の質量〔g〕}\times100$$

上方置換法／水に溶けやすく，空気より密度が小さい気体を集める方法

【→下方置換法，水上置換法，**図4**】

蒸留／液体を沸騰させて気体にし，それを冷やして，また液体にして集める方法

助燃性／ものを燃やすはたらき

水上置換法／水に溶けにくい気体を集める方法

【→上方置換法，下方置換法，**図4**】

水溶液／水に物質が溶けた液体（溶媒が水の溶液）

【→溶液，**図5**】

展性／たたくと広がる性質

【→延性，**表3**】

（水溶液の）**濃度**／水溶液に対する溶質の割合で表した水溶液の濃さ

【→質量パーセント濃度】

非金属／金属でない物質

物質／「金属」や「プラスチック」など，ものをつくっている材料に注目したときのもののよび方

【→物体】

物体／「はさみ」や「ものさし」など，ものの形や大きさなどに注目したときのもののよび方

【→物質】

沸点／液体が沸騰して気体に変化するときの温度

【→融点】

飽和／物質が溶解度まで溶けている状態

飽和水溶液／物質が溶解度まで溶けている（飽和している）水溶液

図4 気体の集め方

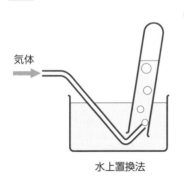

水上置換法

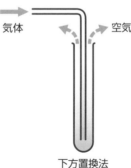

下方置換法

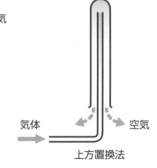

上方置換法

㋐水に溶けにくい，または少ししか溶けない気体は，水上置換法で集める。

㋑空気より密度が大きい（重い）気体は，下方置換法で集める。

㋒空気より密度が小さい（軽い）気体は，上方置換法で集める。

密度／一定の体積当たりの質量

【→式2】

無機物／有機物以外の物質

〔例〕ガラス，金属，食塩，水

有機物／加熱すると黒く焦げて炭（炭素）になったり，二酸化炭素を発生したりする炭素を含む物質（ただし，炭素や一酸化炭素は無機物に分類される）

〔例〕紙，砂糖，プラスチック，プロパン

融点／固体が液体に変化するときの温度

【→沸点】

溶液／溶質が溶媒に溶けた液体

【→水溶液，図5】

溶解／溶質が溶媒に溶ける現象

（物質の）溶解度／一定量の水（ふつう水100 g）に溶ける物質の最大の量

【→図6】

溶質／溶液に溶けている物質

【→溶液，溶媒，図5】

溶媒／溶質を溶かしている液体

【→水溶液，溶液，図5】

ろ過／液体中に溶けていない固体を分離する方法

式2 密度の求め方

$$密度〔g/cm^3〕= \frac{物質の質量〔g〕}{物質の体積〔cm^3〕}$$

図5 溶液，溶質，溶媒

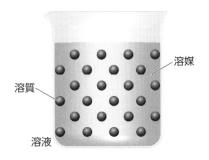

溶媒

溶質

溶液

図6 溶解度曲線

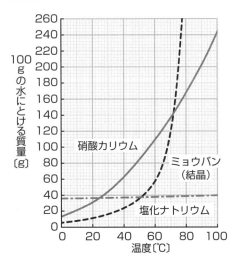

100 gの水にとける質量〔g〕

硝酸カリウム

ミョウバン（結晶）

塩化ナトリウム

温度〔℃〕

7

単元3

音の速さ（おと はや）／音が空気中を伝わる速さ（気温が15℃のとき，約340 m/s）

音源（おんげん）／音を発している物体

可視光線（か しこうせん）／白色光や色のついた光のような，目に見える光

可聴音（か ちょうおん）／振動数が約20〜20000 Hzの，ヒトに聞こえる音

虚像（きょぞう）／鏡に映る像や凸レンズなどを通して見える像など，光が集まってきた像ではなく，物体のないところから光が出ているように見える像

【→実像，図7】

キログラム／質量を表す単位（記号kg）

屈折角（くっせつかく）／光が屈折するとき，境界面に垂直な線と屈折光との間の角

【→入射角，光の屈折，図9】

屈折光（くっせつこう）／物質の境界面で屈折して進む光

【→入射光，光の屈折，図9】

グラム／質量を表す単位（記号g）

光源（こうげん）／太陽や電灯のように，自ら光を出しているもの

光軸（こうじく）／凸レンズの中心を通り，凸レンズの表面に垂直な線

【→図7】

作用点（さようてん）／力がはたらく点

磁石の力（じしゃく ちから）／＝磁力

実像（じつぞう）／光が実際に集まってできる像

【→虚像，図7】

質量（しつりょう）／場所によって変わらない，物体そのものの量

【→キログラム，グラム】

周波数（しゅう は すう）／＝振動数

重力（じゅうりょく）／物体が地球の中心に向かって引かれる力

図7 凸レンズによってできる像

⑦光軸に平行な光は，凸レンズを通ってから焦点を通る。

⑦凸レンズの中心を通る光は，向きを変えずに直進する。

⑦焦点を通った光は，凸レンズを通ってから光軸に平行に進む。

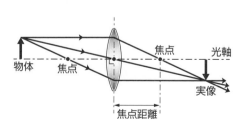

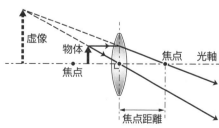

焦点(しょうてん)／凸レンズの光軸に平行に入った光が集まる点

【→図7】

焦点距離(しょうてんきょり)／凸レンズの中心から焦点までの距離

【→図7】

磁力(じりょく)／磁石の異なる極どうしが引き合い，同じ極どうしが退け合う力

振動数(しんどうすう)／1秒間に音源などが振動する回数

【→ヘルツ，図8】

振幅(しんぷく)／音源などの振動の振れ幅

【→図8】

垂直抗力(すいちょくこうりょく)／物体の面に垂直に加わる力

全反射(ぜんはんしゃ)／光がガラスや水から空気中へ出るときなどに，入射角を大きくすると，光が屈折せず，境界面ですべて反射する現象

【→図9】

(物体の)**像**(ぞう)／鏡やスクリーンに映った物体や，凸レンズを通して見た物体のこと

【→実像，虚像】

弾性(だんせい)／変形した物体がもとの形に戻ろうとする性質

弾性の力(だんせいのちから)／＝弾性力

弾性力(だんせいりょく)／弾性によって生じる力

力のつり合い(ちからのつりあい)／1つの物体に2つ以上の力が加わっていても物体が動かないこと

【→表5】

電気の力(でんきのちから)／電気がたまった物体に生じる力

入射角(にゅうしゃかく)／光が反射する面に垂直な線と，入射光との間の角

【→屈折角，反射角，光の反射，図9】

入射光(にゅうしゃこう)／光の反射において，反射する前の光

【→屈折光，反射光，図9】

図8　振幅・振動数と音

振幅が大きいほど，音は大きい。
振動数が大きいほど，音は高い。

表4　力のはたらき

①物体の形を変える。
②物体の動き(速さや向き)を変える。
③物体を持ち上げたり，支えたりする。

表5　2つの力がつり合う条件

①2つの力は，大きさが等しい。
②2つの力は，一直線上にある。
③2つの力は，向きが反対である。

単元3

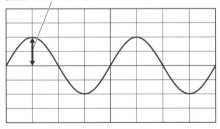

ニュートン／力の大きさを表す単位(記号N)

白色光（はくしょくこう）／太陽光など，色合いを感じない光

反射角（はんしゃかく）／光が反射する面に垂直な線と，反射光との間の角

【→入射角，光の反射，図9】

反射光（はんしゃこう）／光の反射において，反射した後の光

【→入射光，図9】

(光の)反射の法則（はんしゃ ほうそく）／物体の表面で光が反射するとき，入射角と反射角の大きさは等しいこと

【→光の反射，図9】

光の屈折（ひかり くっせつ）／異なる物質の境界面で光が折れ曲がって進む現象

【→図9】

光の三原色（ひかり さんげんしょく）／色と色を混ぜてもつくれない赤，緑，青の3色の光のこと

光の直進（ひかり ちょくしん）／光が真っすぐ進むこと

光の反射（ひかり はんしゃ）／光が物体に当たってはね返る現象

【→図9】

フックの法則（ほうそく）／弾性のある物体の変形の大きさは，加えた力の大きさに比例すること

ヘルツ／振動数を表す単位で(記号Hz)

摩擦の力（まさつ のちから）／＝摩擦力

摩擦力（まさつりょく）／ふれ合った物体がこすれるときに生じる，物体の動きを妨げる力

メートル毎秒（まいびょう）／速さを表す単位(記号m/s)

乱反射（らん はんしゃ）／凸凹した面で，光がいろいろな方向に反射する現象

図9 光の反射と屈折

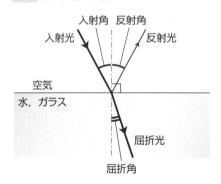
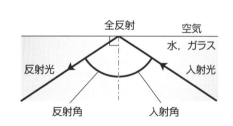

単元4

運搬（うんぱん）／流水によって土砂が運ばれること
【→侵食，堆積】

液状化（えきじょうか）／地面が流動化する現象

S波（エスは）／主要動を引き起こす遅い波
【→P波，**図10**】

海岸段丘（かいがんだんきゅう）／地震のときに起こる急激な大地の隆起により，海岸に沿って平らな土地と急な崖でつくられた階段状の地形

海溝型地震（かいこうがたじしん）／陸のプレートと海のプレートとの境界付近でのゆがみが限界に達して，陸のプレートがはね上がることで起こる地震
【→内陸型地震】

海嶺（かいれい）／太平洋や大西洋などの海底にそびえる大山脈

河岸段丘（かがんだんきゅう）／川沿いの平らな土地が階段状に並んだ地形

鍵層（かぎそう）／地層の広がりを知る目印となる層

火砕流（かさいりゅう）／高温の岩石，火山灰，火山ガスが一体となって高速で斜面をかけ下りる現象
【→火山噴出物】

火山（かざん）／地下にある岩石が高温のため，マグマになって上昇して地表にふき出し，周辺に積み重なってできたもの
【→噴火】

火山ガス（かざん）／大部分が水蒸気で，二酸化炭素や二酸化硫黄などが含まれる，マグマから出てきた気体 【→火山噴出物】

火山岩（かざんがん）／噴火のときに流れ出たマグマが，地表や地表近くで急速に冷え固まってできた岩石
【→火成岩，深成岩，**表6**，**図12**】

火山砕屑物（かざんさいせつぶつ）／火山ガスと溶岩以外の火山噴出物の総称

火山噴出物（かざんふんしゅつぶつ）／火山ガスや溶岩，火山弾，軽石，火山れき，火山灰など，噴火のときにふき出された，マグマがもとになってできた物質

火成岩（かせいがん）／マグマが冷え固まった岩石
【→火山岩，深成岩】

化石（かせき）／生物の死がいや生活のあとが地層中に保存されたもの

単元4

表6 火成岩の種類

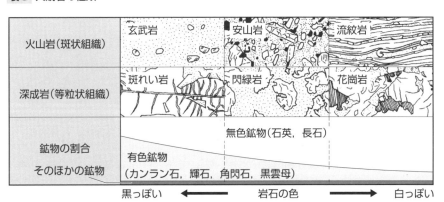

	玄武岩	安山岩	流紋岩
火山岩（斑状組織）			
深成岩（等粒状組織）	斑れい岩	閃緑岩	花崗岩
鉱物の割合 そのほかの鉱物	有色鉱物 （カンラン石，輝石，角閃石，黒雲母）	無色鉱物（石英，長石）	

黒っぽい ← 岩石の色 → 白っぽい

11

活火山／最近1万年間に噴火したことがあるか，最近も水蒸気などの噴気活動が見られる火山

活断層／かつて地震を引き起こした断層で，将来も再び動いて地震を起こす可能性がある断層

カルスト／石灰岩が雨水によって侵食された地形

緊急地震速報／地震が発生した直後に発表される，震源から離れた地域でのS波の到達時刻や震度などを推定して出される情報

鉱物／火成岩に含まれる粒

【→無色鉱物，有色鉱物，**表7**】

三角州／土砂の堆積によって，河口を中心にしてできた三角形の低い土地

示準化石／地層が堆積した年代を示す化石

〔例〕サンヨウチュウ，フズリナ(古生代)，アンモナイト，恐竜(中生代)，ビカリア，ナウマンゾウ(新生代)

【→示相化石】

示相化石／地層が堆積した当時の環境を示す化石

〔例〕サンゴ(ごく浅いあたたかい海)，シジミ(湖や河口)

しゅう曲／地層に力がはたらいて，押し曲げられたもの　　　　　　【→断層】

主要動／初期微動の後に続く大きな揺れ

【→初期微動，S波，**図10**】

初期微動／地震の揺れにおけるはじめの小さな揺れ　【→主要動，P波，**図10**】

初期微動継続時間／P波とS波の2つの波が届くまでの時間の差による，初期微動が続く時間　　　　　　【→**図10**】

震央／震源の真上の地表の点

【→**図11**】

震源／地震による，岩盤の破壊が始まった点　　　　　　　　　　【→**図11**】

震源域／震源断層付近の岩石が破壊された領域

震源断層／岩盤がずれた場所

【→震源域】

震災／地震による災害全般

表7　鉱物の種類

鉱物	有色鉱物				無色鉱物	
	カンラン石	輝石	角閃石	黒雲母	長石	石英
鉱物						
形	丸みのある短い粒状	短い柱状・短冊状	長い柱状・針状	板状・六角形	柱状・短冊状	不規則
色	黄緑色～褐色	緑色～褐色	濃い緑色～黒色	黒色～褐色	無色～白色・うす桃色	無色・白色

単元4

侵食（しんしょく）／風や流水などによって，岩石が削られていくはたらき　【→運搬，堆積】

深成岩（しんせいがん）／マグマが地下でゆっくりと冷え固まった岩石

【→火山岩，火成岩，表6，図12】

震度（しんど）／日本では10段階に分けられている，地震による，ある地点での地面の揺れの程度　【→マグニチュード】

水蒸気噴火（すいじょうきふんか）／マグマの熱で火山の地下水が沸騰して，周囲の岩石とともに爆発的にふき出す現象

砂（すな）／粒の直径が0.06〜2 mmの石

【→泥，れき】

成層火山（せいそうかざん）／火山砕屑物を出す爆発的な噴火と溶岩を出す穏やかな噴火を繰り返すことによって，大きな円錐形がつくられた火山

石基（せっき）／火山岩に見られる，一様に見えるごく小さな鉱物の集まりやガラス質の部分　【→斑晶，図12】

扇状地（せんじょうち）／堆積してできた扇型の平らな土地

堆積（たいせき）／運搬されてきた土砂などが，海底や湖底に積もり，層をつくること

【→侵食】

堆積岩（たいせきがん）／海底や湖底に積もったれき・砂・泥などが，長い間に隙間が詰まり，固まってかたい岩石になったもの

断層（だんそう）／横から押す力や横に引っ張る力がはたらいて，地層が切れてずれることによってできたくいちがい

【→しゅう曲】

地質年代（ちしつねんだい）／古生代，中生代，新生代などと区別されている，化石などから決められる地球の歴史の時代区分

地層（ちそう）／海底や湖底などに，次々に堆積物の層が積み重なって，長い間にできたもの

柱状図（ちゅうじょうず）／地層の1枚1枚の層の重なり方を柱状に表したもの

沈降（ちんこう）／地震などにより，広い範囲で地面が沈むこと　【→隆起】

津波（つなみ）／海底で起こった地震によって生じる海水のうねり

単元4

図10　初期微動継続時間

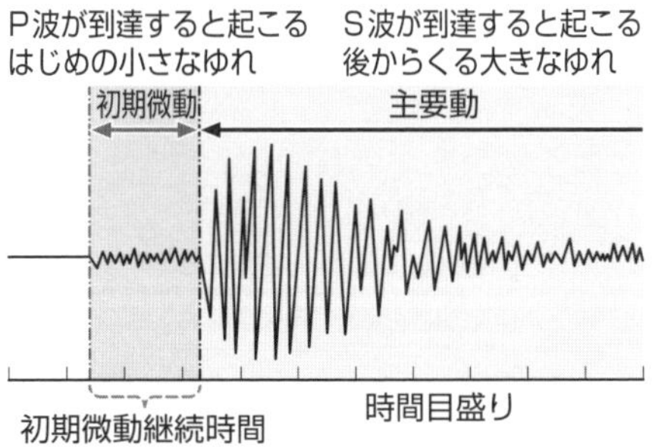

P波が到達すると起こるはじめの小さなゆれ　　S波が到達すると起こる後からくる大きなゆれ

初期微動　　主要動

初期微動継続時間　　時間目盛り

図11　震源と震央

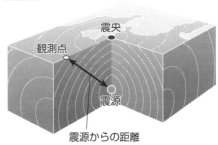

震央

観測点

震源

震源からの距離

13

津波警報／地震が発生したときに，地震の規模や位置をすぐに推定し，そこから沿岸で予想される津波の高さを求め，発表するもの

等粒状組織／深成岩に見られる，同じくらいの鉱物の結晶がきっちりと組み合わさっており，石基の部分がないつくり
【→斑状組織，**表6**，**図12**】

土砂／れきや砂や泥のこと

泥／粒の直径が0.06 mm以下の石
【→砂，れき】

内陸型地震／海のプレートに押されて陸側のプレートに大きな力が加わり，陸側のプレート内のゆがみによって起こる地震
【→海溝型地震】

白色鉱物／＝無色鉱物

ハザードマップ／火山の噴火や地震などによる災害の軽減や防災対策のために，被災が想定される区域や避難場所・避難経路，防災関係施設の場所などを示した地図

斑晶／火山岩に見られる，大きな鉱物の結晶
【→石基，**図12**】

斑状組織／火山岩に見られる，大きな鉱物（斑晶）が粒のよく見えない部分（石基）に散らばって見えるつくり
【→等粒状組織，**図12**】

P波／初期微動を引き起こす速い波
【→S波，**図10**】

V字谷／長い時間侵食が続き，平らな土地につくられた深い谷

風化／地表の岩石が，長い間に気温の変化や水のはたらきなどによって，表面からぼろぼろになってくずれていく現象

プレート／地球の表面を覆っている十数枚のかたい板

噴火／マグマが上昇して地表にふき出す現象
【→火山】

ボーリング試料／機械で大地に穴を掘って採取した試料

マグニチュード／地震の規模を表す尺度（記号M）
【→震度】

マグマ／地下にある岩石が高温のため，どろどろにとけた物質
【→溶岩】

無色鉱物／石英や長石などの白っぽい鉱物のこと
【→有色鉱物，**表7**】

有色鉱物／黒雲母，輝石，カンラン石などの黒っぽい鉱物のこと
【→無色鉱物，**表7**】

溶岩／地下のマグマが地上に流出したものや，マグマが冷えて固まったもの

リアス海岸／入り組んだ湾が続く海岸

隆起／地震などにより，広い範囲で地面がもち上がること
【→沈降】

れき／粒の直径が2 mm以上の石
【→砂，泥】

露頭／崖や道路の脇など，地層が地表面に現れているところ

- -

図12 斑状組織と等粒状組織

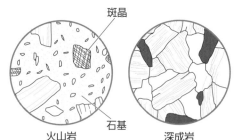

火山岩
（斑状組織）
深成岩
（等粒状組織）

単元4

そのほか

アンモニア／無色，特有の刺激臭。空気より軽い気体。水に非常に溶けやすく，水溶液はアルカリ性を示す。

上皿てんびん／質量を測定するときに用いる。

オシロスコープ／音の大きさや高さを電気信号に変えて波の形として表示できる装置

カバーガラス／プレパラートをつくるときに，試料にかぶせるのに用いる。

顕微鏡／非常に小さいものを拡大し，観察するときに用いる。

【→ 図A 】

誤差／測定における，真の値と測定値の差

こまごめピペット／液体を滴下するときに用いる。

酸素／空気のおよそ2割を占める気体。無色，無臭。空気より少し重い。水に溶けにくい。ものを燃やすはたらき(助燃性)がある。

水素／無色，無臭。最も密度の小さい気体。水に溶けにくい。空気中で火をつけると爆発的に燃えて水ができる。

スライドガラス／プレパラートをつくるときに，試料をのせるのに用いる。

石灰水／二酸化炭素を通すと白くにごる性質を利用して，気体が二酸化炭素かどうかを確認するときに用いる。

双眼実体顕微鏡／小さいものを拡大し，立体的に観察するときに用いる。

【→ 図B 】

単位／長さや体積などの量を数値で表すときに比較の基準となるもの

窒素／空気のおよそ8割を占める気体。無色，無臭。空気より少し軽い。水に溶けにくい。

図A 顕微鏡

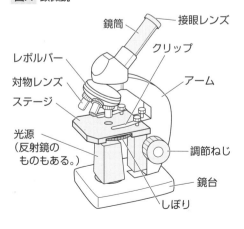

接眼レンズ
鏡筒
クリップ
レボルバー
対物レンズ
ステージ
アーム
光源（反射鏡のものもある。）
調節ねじ
鏡台
しぼり

図B 双眼実体顕微鏡

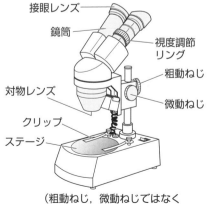

接眼レンズ
鏡筒
視度調節リング
粗動ねじ
微動ねじ
対物レンズ
クリップ
ステージ

（粗動ねじ，微動ねじではなく
調節ねじが1つあるものもある。）

電子てんびん／質量を測定するときに用いる。

凸レンズ／虫眼鏡やルーペなどに使われている，中央が厚く膨らんだレンズ

二酸化炭素／無色，無臭。空気より重い気体。水に少し溶けて，水溶液は酸性を示す。石灰水を白くにごらせる。

ばねばかり／ばねの伸びから力の大きさを測定する器具。

百分率／「もとにする量」を100としたときの割合。百分率は%を使って表す。

比例／変数 x，y があって，x の値が，2倍，3倍，…と変化するのにともなって，y の値も2倍，3倍，…と変化するとき，x と y は比例の関係にあるという。このとき，$y = ax$（a は比例定数）と表すことができる。

沸騰石／液体を加熱するとき，突然沸騰（突沸）するのを防ぐのに用いる。

- -

図C ろ過

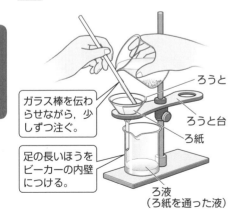

ガラス棒を伝わらせながら，少しずつ注ぐ。

ろうと

ろうと台

ろ紙

足の長いほうをビーカーの内壁につける。

ろ液
（ろ紙を通った液）

プレパラート／試料（観察物）をスライドガラスにのせて，カバーガラスをかぶせたもの。顕微鏡で観察するときにつくる。

保護眼鏡／薬品や粉末などが目に入らないように着用する。

メスシリンダー／一定の体積の液体を測りとるときに用いる。

有効数字／測定で得た信頼できる数字。器具を用いて測定する場合，ふつう最小目盛りの10分の1まで目分量で読みとり，有効数字とする。

リトマス紙／酸性の水溶液では青色から赤色に，アルカリ性の水溶液では赤色から青色に変化する性質を利用して，酸性・中性・アルカリ性を調べるときに用いる。

ルーペ／小さいものを拡大して観察するのに用いる。持ち運びしやすく，野外での観察に適する。

ろうと／ろ過するときに，ろ紙をとりつけて用いる。

【→図C】

ろ紙／ろ過するときに，液体から溶けていない固体を分けるときに用いる。

【→図C】

割合／「比べる量」が「もとにする量」の何倍になるかを表す数。割合は「比べる量÷もとにする量」で求めることができる。

【→百分率】

そのほか